U0167659

『十三五』国家重点图书出版规划项目

中国建筑古今漫步

陈 薇 王贵祥 主编

吉林篇
JilinPlan

李之吉 著

中国建筑工业出版社

序

"中国建筑古今漫步"是一部架构系统又赏读愉悦的丛书。曰之"系统",其一为版图是中国,包括重要行政区划的省和直辖市;其二为时间跨度大,包括古代和当代。曰之"愉悦",主要是丛书采用分册方式,一省(直辖市)一册,携带方便;另外图文并茂,落位地图,方便寻踪,可以漫步游览。

我自己在读书时,每假期考察建筑时都会携带《建筑师》编辑部编的《古建筑游览指南》(共三册,中国建筑工业出版社,1981 年第一版),是我记忆中的朋友和导游,在青葱的岁月,伴我走过千山万水,如今她们虽然泛黄倦怠,于我仍视如珍宝,有文物级别的地位。有意思的是,该套三册的编撰顺序是由西而东的,第一册以西部为主:云南、贵州、四川、西藏、青海、山西、甘肃、宁夏、新疆;第二册以中部和北方为主:北京、天津、河北、山东、河南、湖北、湖南、山西、内蒙古、黑龙江、辽宁、吉林;第三册以东南为主:江苏、上海、浙江、安徽、江西、福建、广东、广西、台湾。而我学习和后来工作的建筑考察,是不断在东部 - 中原 - 西部、南方 - 中部 - 北方之间反复切换的。古建筑游览成为我学习、生活、工作的重要组成部分,因为始于足下的行万里路,乃为治学的基本内容和不二方法。

2015 年,中国建筑工业出版社《建筑师》编辑部重新启动衔接《古建筑游览指南》的"中国建筑古今漫步"丛书工作,并被纳入

"十三五"国家重点图书出版规划项目;诚邀各省(直辖市)建筑学者翘楚分担编写工作,二度在北京和广西南宁召开编撰会议;积极协调主编、撰者、编辑的分工合作,大力推进丛书出版。在此过程中,通过交流大致形成如下编撰共识:在选例上,以古建筑为主要对象,也吸纳便于漫步的当代优秀建筑;在文字上,以准确信息为主,客观描述对象,介绍特色和价值,其余不作过多主观评判;在图版上,以一手资料为主,并示以地图和彩照,有条件航拍的加强建筑总体及其环境的真实性表达。所以,这套丛书又是经典的、导览性的、关于中国建筑典例的系列书籍,无论是内容拓展,还是表达方式,甚至是参与编撰的所有人员,都是全新的。

中国建筑对于人类文明进程的承载和表达具有举足轻重的意义,而且保留数量众多,分布地域广泛。至目前为止,中国已有世界文化遗产 55 项,其中和建筑相关的 37 项;公布的第八批不可移动全国重点文物保护单位共 5054 处,这些均成为这套丛书主要选例的参照,此外 21 世纪建筑遗产也由专家评选公布有 200 余项。可以见得,经历 40 多年中国改革开放的社会成长,对于建筑文化遗产保护的意识和制度建设在增强。不仅如此,对于保护保留下来的优秀建筑,不仅是广大专业人士学习和顶礼膜拜的对象,如对于众所周知的山西五台佛光寺大殿,就有不同年龄、不同专业、不同行业的人们接踵而至，展开调研学习；而且对于社会民众，关于中国建筑的认知水平和欣赏需求也在不断提高，游览者众。因为中国建筑在某种程度上也是民族自信心的体现、人类文明之长期延绵传承的见证。

于此认识下，这套丛书的出版，只是开始，目前还尚缺少一些省份的更深入的优秀案例的推荐和表达，尤其是香港和澳门，将是不可或缺的地区和内容，我们也期待有更多优秀的专业作者积极加入，或者广大读者对优秀中国建筑的大力举荐。在当今数字化时代，这套丛书如何进一步深化电子媒介和读者进行交流与普及，还有许多工作要做。边编写，边出版，且行且追求。"中国建筑古今漫步"从此启程。

2021 年 6 月 2 日于金陵

前言

　　吉林省简称"吉"，位于中国东北的中部，东北亚地理几何中心，南邻辽宁省，西接内蒙古自治区，北与黑龙江省相连。东与俄罗斯接壤，东南部与朝鲜隔江相望，东西长769.62km，南北宽606.57km，省域面积18.74万 km²，总人口2690.73万。全省现辖1个副省级城市、7个地级市、1个自治州、60个县（市、区）和长白山保护开发区管理委员会，省会为长春市。

　　吉林省地处北温带，属于温带大陆性季风气候，一年四季分明，冬季寒冷而漫长，夏季短暂而温暖，春秋风大，天气多变。省域内地形地貌差异明显，呈现东南高、西北低的态势，以中部大黑山为界分为东部山地和中西部平原两大地貌区。东部山地分为长白山中山低山区和低山丘陵区，全省最高点为长白山白云峰，海拔2691m；中西部平原分为中部台地平原区和西部草甸、湖泊、湿地、沙地区，平均海拔在110~200m之间。

　　吉林省境内早在两万年前的旧石器晚期就有人类活动。东南部鸭绿江中游和浑江流域，是高句丽聚居的区域，现在的集安市是高句丽前期都城所在地，现有大量古代城址及墓葬，丸都山城与国内城遗址近些年得到很好修复，好太王陵、将军坟和贵族墓葬保存完整，是吉林省历史最悠久的地面建筑之一。

698 年，史称"海东盛国"的渤海国在吉林东部兴起，位于现长白朝鲜族自治县长白镇的灵光塔是渤海国存世的唯一一处砖构建筑。

曾统治过中国北方大部分地区的辽代，在吉林中部平原和西部草原上留有大量城址，在辽代东部重镇黄龙府（今农安县），至今还耸立着高达 44m 的辽圣宗时所建的佛塔，农安辽塔也成为吉林省境内最高的古代建筑。

女真族所建立的金朝在吉林境内也遗留了众多的城址和墓葬，坐落在舒兰市小城子丛林中的墓群，就是金朝开国元勋、左丞相完颜希尹家族的墓地，基本呈现了女真贵族的陵墓建筑及葬俗特点。

清朝建立以后，吉林一带作为"龙兴之地"被封禁起来，"柳条边"就是这一封禁政策的产物，清政府的封禁政策也导致吉林境内人烟稀少，自然环境得到最好的保护。后来民间曾经流传这样一句顺口溜来形容这里的自然风貌："棒打獐子瓢舀鱼，野鸡飞到饭锅里。"

吉林境内最早的古代城市是现在的吉林市及其北部的乌拉街古镇，这一区域有着完整的古代城市发展遗存，也为今天留下了大量优秀的古代建筑。

自清嘉庆朝后，对东北的封禁政策开始放宽，流入的汉族人口逐年增加，农村聚落日渐增多。1800 年清政府"借地设治"，建立了长春厅，长春从此诞生。随着近代中东铁路及其南部支线的修筑，铁路沿线的城镇也得到快速发展。

1932 年伪满洲国"定都"长春，并将长春更名为"新京"，按照行政中心在长春进行了大规模的城市规划与建设。

中华人民共和国成立后，对东北工业基地的进一步提升与发展注入了新的动力，苏联援建中国的 156 项重大工程有 56 个项目在东北，其中 10 项落户吉林省，大部分项目都在长春市和吉林市，其中长春的第一汽车制造厂是投资最大的项目之一，吉林省对新中国的建设作出了重要贡献的同时，也留下大量现代工业遗产。

改革开放后，国家先后出台了一系列振兴东北老工业基地的鼓励政策，吉林省具有沿边近海优势，是国家"一带一路"向北开放的重要窗口。吉林省具有老工业基地振兴优势，加工制造业比较发达，尤其是汽车、高铁制造在国内处于领先水平；吉林省还是国家重要的商品粮生产基地，地处享誉世界的"黄金玉米带"，人均粮食占有量、粮食商品率、粮食调出量及玉米出口量连续多年居全国首位，如今东北亚中心城市的格局正在逐渐形成，吉林的未来会更美好！

| 目录

长春市

一、长春城市与建筑发展概述 3

1 自由生长的旧城 3

2 中东铁路宽城子附属地 6

3 "满铁长春附属地" 9

4 长春商埠地 13

5 吉长铁路长春站区 16

6 伪满"国都"时期 18

7 "一五"时期的工业布局 21

8 改革开放前的长春 24

9 改革开放后的长春 25

二、长春市建筑漫步 28

1 伪满皇宫旧址 28

2 日本关东军司令部旧址 34

3 日本关东军司令官官邸旧址 37

4 日本关东局旧址 41

5 伪满洲国国务院（第五厅舍）旧址 43

6 伪满洲国军事部（第九厅舍）旧址 48

7 伪满洲国司法部（第六厅舍）旧址 50

8 伪满洲国经济部（第十厅舍）旧址 53

9 伪满洲国交通部（第八厅舍）旧址 55

10 伪满洲国综合法衙旧址 57

11 伪满洲国民生部旧址 61

12 伪满洲国外交部旧址 63

13 长春第一汽车制造厂早期建筑
（生产区） 65

14 长春第一汽车制造厂早期建筑
（生活区） 69

15 长春电影制片厂早期建筑旧址 73

16 吉长道尹公署旧址 77

17 伪满中央银行总行旧址 81

18 伪满建国忠灵庙旧址 85

19 宽城子火车站俱乐部旧址 89

20 中东铁路宽城子站区兵营旧址 91

21　苏军烈士纪念塔　**95**

22　长春清真寺　**98**

23　伪满首都警察厅（第二厅舍）

　　旧址　**104**

24　伪满洲国国民勤劳部（第三厅舍）

　　旧址　**106**

25　伪满国务总理大臣官邸旧址　**108**

26　东本愿寺"新京下院"旧址　**110**

27　神武殿旧址　**113**

28　长春地质宫　**115**

29　吉林大学理化楼　**119**

30　长春市体育馆　**121**

31　吉林省南湖宾馆主楼　**123**

32　吉林省图书馆旧址　**125**

33　中科院长春应用化学研究所

　　实验主楼　**127**

34　吉林农业大学主楼　**129**

35　福顺厚火磨旧址　**132**

36　天兴福火磨旧址　**134**

37　长春邮便局旧址　**136**

38　长春大和旅馆旧址　**138**

39　俄国驻长春领事馆旧址　**142**

40　横滨正金银行长春支店旧址　**145**

41　长春天主教堂及神甫楼　**147**

42　长春护国般若寺　**149**

43　西广场水塔旧址　**153**

44　敷岛通供水塔旧址　**155**

45　长春纪念公会堂旧址　**157**

46　长春纪念公会堂讲堂旧址　**160**

47　亚洲兴业制粉工厂旧址　**162**

48　长春电话局旧址　**164**

49　"满洲炭矿株式会社"旧址　**166**

50　丰乐剧场旧址　**168**

51　藤坂写真馆旧址　**170**

52　伪满大陆科学院旧址　**172**

53　"南满电气会社"长春支店旧址　**174**

54 宝山洋行旧址 **176**

55 "新京国防会馆"旧址 **178**

66 鸽子楼 **180**

57 "满铁长春图书馆"旧址 **182**

58 大岛洋行旧址 **185**

59 "日本桥通派出所"旧址 **187**

60 长春实业银行旧址 **189**

61 千早医院旧址 **191**

62 净月潭水源地取水塔旧址 **193**

63 长春市天津路 3 号住宅 **195**

64 吉林省宾馆 **197**

65 伪满中央银行俱乐部旧址 **199**

66 长春市工人文化宫 **203**

67 长春解放纪念碑 **205**

68 二道沟邮局中共地下党活动

旧址 **207**

69 裕昌源火磨旧址 **209**

70 伪满国务院弘报处旧址 **211**

71 "满洲电信电话株式会社"旧址 **213**

72 大兴会社旧址 **215**

73 "满铁综合事务所"旧址 **217**

74 "康德会馆"旧址 **219**

75 海上会社旧址 **221**

76 "新京中央电报局"旧址 **223**

77 益通银行旧址 **225**

78 吉林省戏曲学校旧址 **227**

79 福井高梨组旧址 **229**

80 "国都旅馆"旧址 **231**

81 输入组合百货店旧址 **233**

82 长春敷岛寮旧址 **235**

83 青阳大厦旧址 **237**

84 "满铁长春消费组合"旧址 **239**

85 "中央通加油站"旧址 **241**

86 "满洲新闻大厦"旧址 **243**

87 "新京百货店"旧址 **245**

88 日毛会社旧址 **247**

89　西村旅馆旧址　**249**

90　王大珩故居旧址　**251**

91　榊谷组出张所旧址　**253**

92　中科院长春光机所科研楼旧址　**255**

93　长春体育中心五环体育馆　**257**

94　长春净月潭门前景区　**259**

95　长春国际会议中心　**262**

96　长春市革命烈士陵园　**265**

97　松山·韩蓉非洲艺术收藏博物馆　**269**

98　吉林省科技文化中心　**271**

99　长春市规划及文化综合展馆　**274**

100　长春雕塑博物馆　**277**

吉林市

一、吉林市建筑发展概述　**285**

二、吉林市建筑漫步　**291**

1　吉林文庙　**291**

2　吉林观音古刹　**295**

3　北山玉皇阁　**299**

4　北山坎离宫　**305**

5　北山关帝庙　**307**

6　北山药王庙　**311**

7　北山揽月亭　**313**

8　吉林省立大学旧址　**315**

9　吉海铁路总站旧址　**319**

10　吉林天主教堂　**321**

11　吉林机器局旧址　**323**

三、乌拉街清代建筑群　　325

1　乌拉街满族镇清真寺　　326

2　乌拉街满族镇后府　　328

3　乌拉街满族镇魁府　　332

4　乌拉街满族镇萨府　　336

集安市

一、集安市建筑发展概述　　341

二、集安市建筑漫步　　342

1　集安丸都山城遗址　　342

2　集安洞沟古墓群山城下墓区　　345

3　集安国内城遗址　　348

4　集安太王陵　　350

5　集安将军坟　　352

其他地区建筑之旅

一、佛塔　　357

1　长白灵光塔　　357

2　农安辽塔　　360

3　洮南双塔　　363

二、前郭尔罗斯哈拉毛都蒙古族府邸　　367

1　祥大爷府邸　　368

2　七大爷府邸　　373

后　记　　376

长春市

一、长春城市与建筑发展概述

国家历史文化名城——长春，这里曾经是中东铁路的南北分界点，还做过"满洲国"的首都，这座城市经历过太多的磨难，是近代东北亚政治军事冲突完整历程的集中见证地。中华人民共和国成立后，这里又成为汽车工业和电影工业的摇篮，为新中国的经济建设作出了卓越的贡献。

长春近代时期的城市规划与建设经历了从无到有、从小到大、不断扩大的发展历程，最重要的历史节点是 1932 年伪满洲国"新京都市规划"的实施，它将长春旧城、中东铁路宽城子附属地、"满铁长春附属地"、长春商埠地和吉长铁路站区连同新市区一起有机地缝合起来，它用南北方向的轴线将新旧城市连成一体，用城市绿地组成巨大的几何构图，以突出城市空间特色，加上圆形广场和放射形道路构成了开敞、通透、大气的城市空间，在中国近代城市规划史中具有极为特殊的地位。在新中国建设的"一五"时期，随着第一汽车制造厂的建设，又以邻里单位的空间格局、民族形式的工业建筑风格，成为中国工业建筑的标志，在中国现代城市规划史和建筑史中独树一帜。

1 自由生长的旧城

清嘉庆五年五月十七日（1800 年 7 月 8 日），清政府终于同意了时任吉林将军秀林的请求，在郭尔罗斯前旗东南一个名为"长春堡"的流民定居点附近"借地设治"，设立了蒙地第一个地方政府——长春厅，铸给"吉林长春理事通判之关防"。长春厅的设立标志着汉族人出关开垦蒙地的合法化，长春地方的开垦，对松花江下游和黑龙江流域的广大地区由游牧业逐渐向种植业方面转化，起到了重要的推动作用。

设治后，在伊通河东岸兴建治所，名曰"新立城"。后因长春厅治所地方偏僻，交通不便，加之地势低洼，伊通河水经常泛滥，更由于辖区增大，以及区域经济的迅速发展，清道光五年（1825 年）长春厅北迁至"宽城子"。

宽城子又名"宽街""宽庄",虽叫宽城子,但并没有传统意义上的城池。清乾隆年间,这里逐渐形成了一个较大的集镇,集镇里有宅地、手工作坊、店铺和一些传统寺庙,长春厅衙署迁来后这里才得到了快速发展,可以说先有宽城子,后有长春城。

由于大豆、高粱、玉米等丰富的农产品,日趋增多的人口,伊通河丰富的水源和所提供的水上运输,四通八达的陆上运输通道,靠近蒙地便利的农产品和牧业交易,使宽城子逐渐发展成为农牧产品和贸易的集散地,很快就"农商云集,交易日酣,铺舍接修,顿成街市"。

清同治四年(1865年)为抵御匪患,通判博霖组织商民集资捐助修建简易木板城墙,城北墙外挖壕沟,做护城河,东南则利用伊通河作天然屏障,西南则利用黄瓜沟、兴隆沟做护城河。当时木板城墙的范围大至东南到伊通河边,西南至今民康路,北到长春大街,城内面积约 $7km^2$。

清光绪十五年(1889年),长春撤厅升府,遂于光绪二十三年(1897年)后逐渐把当年应急用的木板城墙改建成更坚固的夯土墙和砖墙,墙高2.5丈,宽2丈,各城门都是用砖瓦建造的,至此长春旧城才初具中国传统城市的面貌。

长春旧城并没有按照中国传统城池的营造原则规划建设,而是一个自由生长的过程,它择水而居,依托伊通河西岸的高地不断生长、扩大。它的街道空间非常像一条鱼的骨架,主要街道即"脊骨"为南北走向的南大街和北大街(今大马路南段);而头道街、二道街、三道街等东西向道路则像鱼的肋骨一样支撑起这座城市的路网。

长春旧城最早的大型建筑当属始建于清嘉庆四年(1799年)的长春关帝庙(最初称为"朝阳寺"或"朝阳古刹"),这座比长春设治还早一年始建的寺庙建筑群经多次改建和扩建,在1930年代处于规模鼎盛时期。现存长春历史最久的建筑是始建于清同治四年(1865年)的长春清真寺。此外,老城内还建有长春文庙、养正书院、长春基督教堂、长春天主教神甫楼及大教堂、钱庄、银号等重要建筑,1905年随着中东铁路的修建在老城内还建起了俄式风格的华俄道胜银行。

图 1 长春旧城聚宝门

图 2 长春旧城崇德门

图 3 长春旧城北大街（今大马路）

图 4 长春旧城内的华俄道胜银行

图 5 长春旧城内的吉林永恒官银号

长春旧城最初的建筑大都是传统样式，包括城门楼都是因陋就简建造而成。进入 20 世纪，随着经济的发展和城市地位的提升，特别中东铁路南部支线的修筑以及长春开埠，外来因素的影响越来越多，波及面也越来越广。随着西方建筑样式的引入，传统的建造理念也在不断受到冲击，长春旧城内建筑的风格样式也逐渐发生改变。

一直到 1910 年代，长春都是以旧城为中心，重要的商业建筑，包括外国领事馆最初都建在旧城内，随着"满铁长春附属地"和长春商埠地的开发与建设，长春旧城的政治、经济和文化地位也在悄然发生改变，基础设施陈旧的旧城开始渐渐衰落。

2 中东铁路宽城子附属地

19 世纪下半叶，在中国近代史上发生了许许多多的事情，但当时的东北地区还处在以农业经济为主的十分封闭和滞后转型的状态。19 世纪末 20 世纪初，随着中东铁路南部支线哈尔滨经长春至旅大之间铁路的修筑，彻底打破了这种封闭的格局，也从此拉开了东北近代化的大幕。

中东铁路南部支线在长春旧城北部设立了一个车站，利用长春旧城的俗称取名为"宽城子车站"，之后在宽城子站区相继建设了车站站房及附属设施、铁路员工住宅、学校、铁路守备队兵营、俱乐部等建筑，还建了一条向东至伊通河的取水管道和车站供水设备——水塔。

中东铁路宽城子铁路附属地的街区规划采用简单的方格网状布局，（120~140）m × 100m 的小路网道路格局便于中小型建筑的建设，适合步行及以马车为主的交通运输方式，可以形成良好的街阔空间尺度，宽城子铁路附属地最终建设的区域仅有 1km^2，不到附属地用地的 1/5。

车站前规划有一个方形的小广场，这是长春历史上的第一个广场。主要有两条东、西向的街道：一条叫秋林街，一叫巴栅街，道路两旁栽植了来自西伯利亚的大叶杨作行道树，该区域人口最多时未超过 3000 人，城区建设规模一直都很小。

宽城子铁路附属地的建设标志着长春近代城市建设的开始，也是长春历史上第一块经过统一规划设计再行建设的区域。受到铁路线走向的影响，宽城子站区的路网偏西南向，这就是在长春的北部，在南北向道路网中出现了斜向的一匡街、二酉街、三辅街等街路的原因。

　　为加快铁路沿线附属建筑的建设，当时中东铁路及支线的站舍采取的是标准站舍的设计方法，即根据规模和车站的等级设计出几种等级的站舍，所以沿线站舍样式重复的情况就不足为怪了，例如两层的德惠车站就与齐齐哈尔昂昂溪车站的站舍相同。

　　宽城子站舍始建于 1899 年，1900 年基本建成，主站舍只有一层，面积约 $300m^2$，为砖木结构。该站舍也成为长春历史上第一座由外国工程师设计的具有浓郁异域风格的建筑。车站的水塔造型独特，采用砖和钢木结构的组合结构，总高 10m，它是长春历史上的第一座水塔。

　　1903 年在站台的西侧建成了长春第一个近代工业建筑——亚乔辛制粉公司，当时俄国为扩大在东北的经济实力以及军需供应的需要，开办了以哈尔滨为中心的大批粮食加工企业，亚乔辛就是其中之一。在火车站的东侧还建有南北大营和将校营，现只残存有将校营的部分建筑。现存建筑

图 6　中东铁路宽城子火车站及水塔

除兵营以外都是独立式住宅,形式各不相同。宽城子车站俱乐部是附属地内规模最大的公共建筑,建成于 20 世纪 20 年代,建筑为两层砖木结构,窗子窄而高,铁皮四坡屋顶,东侧角楼有一帐篷式的尖顶,呈现出浓郁的俄罗斯建筑风格。

图 7　中东铁路宽城子附属地

图 8　中东铁路宽城子附属地的街道

随着中东铁路的修建和通车，更加剧了日俄两国之间的矛盾，为了争夺中国东北的资源、扩大在东北亚的势力范围，1905 年爆发了日俄战争，最终以俄国人战败而告终，根据签订的《朴茨茅斯条约》，日本接收了宽城子以南铁路沿线俄国人具有的一切权利。

日俄战争以前，宽城子车站仅仅是中东铁路南部支线的一个四等小站，日俄战争后，情况发生了巨大变化，长春变成中东铁路南部支线的终点站，同时又是"南满铁路"北端的终点站，长春成为两条铁路各自终点站的会合处，也成为中、日、俄三方势力的角力点，战略位置十分重要。

1935 年 3 月，日本"南满铁道株式会社"接管了宽城子车站及铁路附属地，并划入"满铁长春附属地"的范围内，同年 8 月 31 日"北满铁路线"改为标准轨，与"南满线"直通（"南满线"已于 1908 年改为标准轨）。早在 1934 年 11 月 1 日，日本人的"亚细亚号"特快列车开始在大连至长春间运行，最高时速达 120km。为了使必须整体调头的"亚细亚号"通过当时还属尽端式车站的长春站，改北行的路线为东侧出站，并在小南站附近并入原轨道，至此宽城子车站已完全失去了作用，1936 年 1 月，日本人关闭了宽城子车站，设备被陆续拆迁或弃置。

对于长春来说，近代时期中东铁路宽城子附属地就是一块"飞地"，它远离市中心独立发展，浓郁的俄罗斯建筑风情更使得这块地域充满了神秘感。

3 "满铁长春附属地"

日俄战争后，1906 年 11 月 26 日日本政府在东京设立了"南满洲铁路股份有限公司"，简称"满铁"，总部设在东京，1907 年 3 月 5 日迁往大连并正式营业，"满铁"的注册资金有一半是日本政府出资的，由此决定了"满铁"不仅是一般公司，更是"代表国家政策的特殊公司"。

1906 年 5 月 11 日，将长春以南的中东铁路南部支线改称为"南满铁路"，由于俄国人要求保留宽城子火车站，因此，日本人需要在长春选择一块新站址并建设一个新的火车站，"满铁长春附属地"也成为"满铁"设立后，最早从中国人手中购地建设的铁路附属地。

日本人煞费苦心得到附属地后，首先着手建设火车站和改造铁路线，并将新建车站命名为长春站，这是历史上第一次用长春来命名的火车站。从 1907 年 11 月 3 日开始货运，同年 12 月 1 日开始客运，在"满铁"最初的五大车站中，长春与中东铁路宽城子车站之间的对接车站候车室规模虽然最小，但却是第一个新建的铁路站舍。

由于当时长春地理位置的重要性，出于日本推行侵略扩张政策的特殊目的，包括更有效地与俄国抗衡，"满铁"当局十分重视长春的规划与经营，第一期工程是 120 万坪地域的规划与建设，主要的构思是：在传统的方格网状规划路网的基础上，以新建火车站广场为中心向东西两侧建两条斜向道路。东侧为东斜街（后改为"日本桥通"），西侧为西斜街（后改为"敷岛通"）。斜向道路与方格网道路在两块区域中心形成交叉点，并以此建立两个圆形广场，即东广场（后改称"南广场"）和西广场，并以这两个副中心再建立两条放射性道路，这种规划设计手法极大地活跃和丰富了城市空间与道路景观，增强了方格网状城市道路的可识别性。

在规划中第一次把大型绿地纳入市区的规划范围内，在市区内先后规划了"日本桥"公园、东公园和西公园。规划范围内的主要道路是从火车站广场伸向南边的"长春大街"（后改为"中央通"，今人民大街北段），道路总宽达"20 间"（约 36m）。街坊都分割成长方形，众多街坊组成一个街区，其中最小的街坊只有 10m×20m。

火车站停车场前圆广场半径为 50 间（约 91m），是附属地最初规划的 6 个广场中规模最大的一个，整个市区道路率为 25%，道路用地面积比较大。由于当时机动车辆还比较少，主要以马车和人力车为主，但规划设计者已经预见到未来城市机动车时代即将到来，所以道路都修建得比较宽，但对未来的车速和机动车数量显然预估不足，所以街区尺寸过小，路口过多，特别是把街区的短边都布置在主要道路的两侧，就更加剧了这种矛盾。

1908 年完成的规划设计最初是把整个区域的南部都作为公园的预留

地，这里原本就有水源和自然的河沟，地形起伏较大，不便于作为建设用地，长春大街以东被称为"东公园"，以西为"西公园"。"满铁长春附属地"的规划格局与同期的"满铁奉天附属地"的规划近似，但其规模以及后来的建设投入、建筑的规模等都远不如后者。

"满铁长春附属地"的选址与规划终于克服了宽城子中东铁路附属地的不足，将铁路改道后形成东西走向，确保了新城街区主干道的南北走向，以适应长春严寒的气候。"满铁长春附属地"的建设真正开启了长春近代发展的帷幕，形成了长春近代城市的雏形。

"满铁长春附属地"早期建筑的样式以西式风格为主，规模一般都比较小，通常为一到两层，例如松室重光设计的长春邮便局（1907年）、长春警察署（1908年），以及"满铁工务课建筑系"设计的长春大和旅馆（1909年），市田菊治郎设计的长春火车站站舍（1914年）等建筑。中

图9 "满铁长春附属地火车站"

图10 朝鲜银行成为"满铁长春附属地"的标志性建筑

图11 繁华的吉野町（后来的长江路）

图12 伪满时期的"新京神社"

期建筑以两层和三层居多，代表建筑有关东府民生部松室重光设计的长春取引所（1918年），日本私营建筑师中村与资平设计的朝鲜银行长春支店（1920年）和横滨正金银行长春支店（1922年），长春商业学校（1920年）和长春高等女子学校（1923年），这批建筑风格还是以西方样式为主导，教育类建筑形式更简约一些。晚期建筑主要是指伪满洲国建立后，伴随着长春城市地位的变化而出现的一批新建筑，许多建筑为三层甚至四层，例如小野木·横井共同事务所设计的"南满电气会社"（1928年），"满铁地方部工事课"设计的"满铁综合事务所"（1936年），横井事务所设计的伪满洲国弘报协会（1938年），这些建筑的规模比较大，以早期现代主义建筑风格为主。

此外，在"满铁长春附属地"还有许多宗教类建筑，始建于1912年位于"中央通"（今人民大街北段）的"长春神社"占地面积最大，哥特风格的长春基督教会堂（1922年）高度最高。

"满铁长春附属地"以其独特的建筑风格、较小的建筑体量和街廓空间尺度，凸显出其城市空间的个性。

图13 "日本桥通"（今胜利大街）南部

4　长春商埠地

日俄战争后，1905 年 12 月 22 日签署的中日《会议东三省事宜》条约在完全满足了日本继承俄国在东北的长春以南所有权利的要求之外，还在附约中规定"中国自行开埠通商"，这次清政府在属于关外的东北地区主动开放 16 个商埠，长春就位列其中。

开埠通商虽意味对西方近代经济及社会文化因子的吸纳，但列强们的本意却是对中国的经济侵略与掠夺。"门户开放"的后边是列强们对中国划分势力范围并使中国半殖民地化，长春正是在这样一个社会历史环境下奉命开埠的，其实际开埠时间已是 1907 年 1 月 14 日，当时吉林将军达桂报告北京并函请各国使馆知照，其后俄、日、英、美等国先后要求在长春设立领事馆。

最初的商埠地范围是从长春老城永兴门（北门）外起，北至头道沟，再至二道沟，接宽城子铁路附属地，沿铁路线西至十里堡到聚宝门（西门），沿老城北侧合拢到永兴门。1905 年的"原勘长春商埠图"包括了后来的"满铁长春附属地"的核心地带，实际上"满铁"及开埠局同时都在积极地策划准备购置土地，在这种情况下，"满铁"当局先下手为强，秘密高价收购土地。

人们通常把"满铁长春附属地"与长春旧城之间近 4km^2 的范围称之为"商埠地"，之所以确定为这一区域，当属无奈之举。"满铁长春附属地"建设之后，曾作为商品集散地的旧城，经济受到很大的影响，日渐衰落，当局希望通过商埠地的开发同"满铁长春附属地"抗衡以重振地方经济，同时也会遏止"满铁长春附属地"不断向南扩张。

1908 年 1 月 21 日，为适应发展的形势要求，清政府在吉林设行省，并考虑到长春的重要性，在长春增设西南路分巡兵备道，作为吉林巡抚派出的官员，分巡吉林省西南一带的行政事务，兼管长春关税、商埠和对外交涉事物，道台衙署暂设在长春老城内，首任道台陈希贤，长春开埠事宜由西南路分巡兵备道主持，1906 年开始筹划。第二任道台颜世清上任时，

"满铁长春附属地"已有一定的发展规模并不断向南扩张，为了阻止这种扩张趋势，颜道台决定把道台衙署这一地方最高行政长官的办公地点建在靠近"满铁长春附属地"南端的高地之上。

1909年开埠局雇佣外国工程师来主持商埠地的街区规划，这是历史上长春人第一次聘请外国专业人员为自己的城市进行规划设计，表现出当局者希望能与"满铁长春附属地"的城市规划相抗衡。规划中共有六条南北向的主要街道，其中有四条分别穿过乾佑门（西北门）、马号门、永兴门（北门）、东北门与旧城内的主要大街相连，其中最为重要的是同旧城内南北大街相连的北门外大街，它是商埠地规划最成功之处，这条曲线的大马路把"满铁长春附属地"的东斜街和旧城内的南北大街连接起来，形成一条新的商业大道，即商埠大马路，它是商埠地内最重要的街道，成了商埠地的象征。

1911年底孟宪彝接任道台，此时鼠疫流行已终止，正是发展商埠地的好时机，在内无大型制造业、外无资金注入的情况下，孟道台认为发展商埠地最有效的方法是开设娱乐业，以增加人气，带动商埠地的发展，同年秋在北门外正式开工，"到第二年秋季，平康里四百四十间房舍、戏院、说书场等均已修建完毕，又将老城内及北门外一带散居的妓馆都统一迁入平康里，一时间燕春茶园、戏院夜夜客满，座无虚席"。商埠地呈现出畸形的繁荣。

商埠地的城市规划设计将"满铁长春附属地"与老城连为一体，客观上阻止了其进一步向南部扩张，它是长春人按照城市规划自己进行建设与管理的第一块新城区。

长春商埠地内的建筑最初多为一至两层，临街两层商业建筑常常一层为铺面，二层住人或者为办公和库房，建筑风格也较老城内发生了很大变化，仿照其他开埠通商地方的"洋式"风格建筑门面一时成为时尚，其中以女儿墙处表现简化的巴洛克造型风格居多。

商埠地内最重要的建筑有道台衙署、俄国领事馆，以及1932年建成开业的泰发合百货商店，泰发合位于商埠大马路最繁华地带，主体三层、

图 14　商埠地大马路（远处为泰发合）

图 15　长春商埠地老天合

图 16　远眺商埠地道台衙门

图 17　长春商埠地振兴合

图 18　北望商埠大马路

局部四层的营业大楼是当时长春人经营的最大的百货商店，也是当时商埠地内最高的楼房，它同大马路一起成为商埠地的象征。

5　吉长铁路长春站区

在长春旧城隔伊通河对岸的东北部地区还有一个特殊的区域，这就是伴随着吉长铁路的修建而出现的吉长铁路站区，以车站和吉长路局为中心，陆续建设了带有外廊的铁路医院，以及警察局、铁路员工住宅和俱乐部等建筑。

随着长春和当时的省城吉林两个经济中心的进一步确立，清政府和"满铁"当局都试图用铁路将吉林和长春两个城市连接起来，"满铁"更希望扩大其势力范围。1908 年 11 月，清政府与日本缔结了《日清铁路协定》，该协定中规定由日本方面负责提供贷款，中国方面负责工程施工。吉长铁路于 1910 年春季动工，至 1912 年 12 月历时三年基本竣工。根据协定约定，铁路局长由中方担任，技师长、会计长由日方担任，这样吉长铁路的经营和技术大权均已落入日本人之手。到 1917 年还清贷款后，吉长铁路委托"满铁"经营，至此长春唯一路权属于中国的铁路最终也落入日本人之手。

吉长铁路的通车，使长春处于三条铁路线的交会点，其农副产品及商品集散地的作用日益凸显。吉长铁路最初为尽端式车站，1911 年建成火车站候车室及附属建筑，围绕车站和铁路管理局，逐渐出现不规则的街道，这也算是长春又一片新的街区。后来吉长铁路线延伸到"满铁"长春站，吉长铁路长春站只作为临时停车和短途乘车的车站，也就是后来的长春东站，随着城市的发展，后来又新建了长春东站站舍。

吉长铁路站区作为长春城市主体的五大街区之一，在建设之初并没有制定详尽的街区规划，主要建筑都是围绕火车站进行布置，街区道路自然形成。吉长铁路修建后，人口、物流的增加给站区及周边带来了经济上的繁荣，街区规模也不断扩大。1932 年后，在"新京都市规划"中对原来吉长铁路站区进行了多次规划设计，形成多种规划方案，站前区南部半圆

图 19　吉长铁路长春站

图 20　最初建设的吉长路局

图 21　最初的吉长路局局部

图 22　"满铁"后来建设的吉长路局

形的弧形道路加上放射形道路与建成区交相呼应、有机联系，或因该区域已是建成区，且建筑密度较大，拆迁成本较高等原因，这一区域一直没有按照规划进行改造和建设，直至近日旧城改造时才规划成新居住区。

1911年建成的吉长铁路长春站规模很小，建筑风格与长春商埠地建筑类似，车站最初以长春命名，这样在长春就出现了两个以"长春"命名的火车站，一个是吉长铁路长春站，另一个是"满铁"长春站。

吉长铁路长春站区内最重要的建筑当属吉长铁路管理部门的办公楼，早期的吉长路局大楼始建于1909年的10月，为两层砖木结构，青砖墙体，建筑外墙上镌刻着"中华民国政府吉长路局"，该建筑后来毁于火灾。"满铁"于1924年建成了新的吉长路局大楼，新建筑规模较大，平面呈"丹"字形，入口门廊采用巨柱式，立面采用五段式的古典构图，主入口处一个硕大的三跑楼梯伸入内庭院中，一派欧风景象。

吉长铁路站区建设时间短，建设范围小，承担的城市功能也比较单一，建筑规模以一至两层建筑为主，随着城市的发展，这一区域的原有功能都失去了，目前没有留下历史建筑遗存。

6 伪满"国都"时期

"九一八"事变后，日本关东军在短时间内就占领了东北全境。从1932年1月22日起，关东军参谋长主持召开"建国幕僚会议"，2月下旬，张景惠等人按照关东军司令部的指令，召开了"建国会议"，成立"东北行政委员会"，并发表通电，宣布在东北设立独立的"新国家"——"满洲国"。3月10日，"满洲国国务院"发布第一号布告，正式宣布"奠都"长春，在随后的第2号布告中又将长春更名为"新京"。

长春地处东北地区的几何中心，战略位置十分重要，不仅是"南满铁路"与中东铁路的连接点，还是吉长铁路、吉敦铁路的起点，与东北各地距离适中，便于控制，而且从经济上打算，长春地旷人稀，地价便宜，既便于对土地的低价征购，也少有改造旧城的负担。

长春被正式公布确定为伪满洲国"首都"之前，日本关东军就已着手进行"国都"规划和建设的筹备工作，城市规划立案及审议过程始终是在关东军司令部指导下，并由日本人负责开展的。参加人员中"满铁经济调查会"的人员全为日本人，伪满洲国"国都建设局"的参与人员也都是日本人。

　　1932年3月，"满铁经济调查会"开始"国都城市"的立案工作，随后，关东军特务部又指令"满铁"方面继续参与城市规划的工作。整个规划设计方案进行了多轮修改，最后集中对五套设计方案进行讨论，现在看来每个规划设计方案都各有优缺点，其中设计方案三将伪满洲国执政府放置在地势最高的南岭，保留下最完整的景观水系，对面就是行政中心，中间是200多米宽的林荫大道，城市路网均呈现有机构成状态，但是它忽略了最为重要的一条，就是伪满洲国"国都建设局"曾经坚持的"执政府"必须朝向正南向的要求，这实际上就是中国传统都城建造理念中"择中立宫、不正不威"的思想。

　　1932年11月，关东军特务部召集联合研究会，讨论"新京城市规划及五年计划"。会议以"满铁"第四方案（甲）的意见为基准（"执政府"朝向正南方向），对"国都建设局"提出的方案进行了修改，决定在旧城市区以西的杏花村建造"执政府"临时建筑设施，将来视形势变

图23　1930年代的兴安大路（今西安大路）

化再选择南岭或铁道西北的台地。"执政府"临时建筑设施将来可转用为"宫廷"用地或做他用。同时也决定依照"国都建设局"的意见,"宫廷"采取正面向南的朝向。在这次会议审定的议案的基础上,关东军司令部确定了伪满洲国"国都建设规划概要",最终确定了区域为 100km² 的"国都建规计划概要"和事业预算案。

新区街道的名称由当时伪满国务院总理郑孝胥命名,南北走向称街,东西走向称路。根据区位不同,使用对象不同,对建筑密度采取区域控制,并作出了相应的规定:居住区、商业区、工业区的建筑高度不能超过23m,而且不能超过前面道路的宽度,以保证城市中心地带具有开阔的视觉空间。

图 24　1935 年的"大同广场"(今人民广场)

图 25　建设中的商馆街

图 26　伪满国务院东侧的住宅区(1936 年)

1937 年 11 月 5 日"缔结"了《日本国"满洲国"间关于撤销在"满洲国"治外法权和转让"南满铁路附属地"行政权条约》，将长春历史上逐渐形成的 6 大块城区在行政所属权上纳入统一管理，其范围包括旧城、商埠地、"满铁附属地"、中东铁路宽城子附属地、吉长铁路站区、第一期"国都"建设区域。

从 1932 年 3 月到 1944 年末的 12 年间"共完成了大约 500 万 m^2 的各种建筑工程，建设资金 2.5 亿元"。道路建设占全市面积的 21%，干线道路宽度为 26~60m，分快车道、慢车道和非机动车道，主要道路采用沥青路面，次要道路和离城市中心较远道路采用"手摆石"进行铺装。

"满洲国首都新京都市计划"是中国近代城市规划史中规模最大并且按照行政中心进行规划建设的实例，同时其奉行的集中土地收购和统一规划再行建设的理念支撑其在非常短的时间内完成了大规模的城市建设。

伪满洲国时期长春建设了一批大型的公共建筑，最为突出的是伪满军政建筑群，它们完整地记录了近代东北亚政治军事冲突的全部历程，其中代表性建筑所呈现出的"满洲式"建筑样式更能体现出日本帝国主义的殖民统治思想，如今这些建筑中的大部分都已经成为国家级文物保护单位，作为警示性文化遗产时刻告诫人们不要忘记那段历史。

7 "一五"时期的工业布局

中华人民共和国成立后，经过三年的国民经济调整和恢复，社会各方面开始步入正轨。国家的发展方针也发生了变化，开始有计划地进行大规模的工业重点项目建设，一切都要为国家社会主义工业建设，为生产、为劳动人民服务。"一五"计划的重点是进行重工业建设，并以苏联援建的 156 个项目为中心，为支持新中国的建设，苏联曾经先后选派 3000 多名专家和顾问来华援建。

随着中国第一个"五年计划"的实施，也拉开了长春行走机械制造业建设的帷幕，为今天留下了一批特色鲜明的现代工业建筑，使长春完成了从近代时期典型的消费型城市向现代时期工业型城市的转变。这一期间，国家先后在长春建设了长春第一汽车制造厂、铁道部长春机车车辆修理厂（即后来的长春机车厂，现已并入中车集团）、长春拖拉机制造厂、长春客车厂、国营吉林柴油机厂等国家或中央部属大中型重点工业项目。特别是由苏联援建的第一汽车制造厂的建设吸引了国内大量的设计人员前来参观学习和工作，当年建筑工程部设计院就曾派30多人的技术队伍到第一汽车制造厂进行实习，现场学习苏联专家的设计经验。

长春第一汽车制造厂的厂房采用当时苏联工业建筑中常用的形式，许多厂房是临摹苏联现有设计图纸或者稍加改动就付诸实施。由华东设计公司王华彬建筑师主持设计的，厂前生活区二期的单体建筑采用当时盛行的民族形式，从屋顶造型到阳台装饰，雕梁画栋，一派民族风。像长春第一汽车制造厂这样如此大规模地在工业建筑和厂前区住宅中采用民族形式的情况，在全国都是非常罕见的，使长春的工业园区规划，以及工业与民用建筑设计在当时走在了全国的前列。

随着大量工业项目的引入，工厂建设对城市发展产生了巨大影响，考虑到利用铁路便利的运输条件，长春第一汽车制造厂、长春客车厂、长春

图 27　长春第一汽车制造厂一号门

图 28　吉林柴油机厂铸造车间（已拆除）

图 29　长春拖拉机制造厂厂房

图 30　长春机车厂厂房

机车车辆修理厂都选址在城市西北部靠近铁路线附近，而长春拖拉机制造厂和吉林柴油机厂则选址在长春市东部，长春城市的发展同时向东西两翼扩展。

"一五"时期长春建筑的主要成就是建设了一批大型的工业建筑，为长春城市的转型奠定了坚实的基础，如今第一汽车制造厂早期建筑已经成为国家级文物保护单位，长春拖拉机制造厂的厂房也作为历史建筑得以保留。

8 改革开放前的长春

随着"一五"时期工业项目的布局与建设，长春的城市建设也取得了很多新进展，先后建设了一批大型的公共建筑项目，使长春的城市面貌发生了较大变化。例如吉林省宾馆和长春工人文化宫的建设填补了城市中心广场周边建筑的缺口，地质宫的建设也使荒废多年的伪满洲国帝宫旧址呈现出崭新的形象。

随着一些高等院校和科研院所的陆续落户，长春城市的文化气息也越发浓厚，工业发展为城市注入了新的活力，新建筑为城市增光添彩，国内著名高校培养的建筑人才也会集长春，同当地建筑师一道为城市发展贡献他们的智慧。

这一时期长春也建设了自己的"十大建筑"，许多建筑至今仍然为人们津津乐道，其中既有民族风格的长春地质宫、吉林省宾馆、吉林农业大学新校舍、南湖宾馆、吉林省图书馆、中科院长春应用化学研究所，也有现代风格的"鸽子楼"、长春体育馆、长春工人文化宫、长春光机所科研楼，包括之后建设的吉林戏曲学校、吉林大学理化楼等建筑使长春展现出新的城市面貌，再加上完好的城市规划体系和优越的城市绿化环境，长春的城市建设走在了全国的前列。

由于电力充足，长春市的主要市内交通依然沿用了有轨电车，这也成为长春市一道亮丽的风景线，至今依然保留有一条 54 路有轨电车，这条线型的文物记录了长春这座城市不断发展的历史。人们将长春市宽阔的道路、有序的交通、茂密的绿化、开敞的空间、圆形的广场加上低矮的建筑所形成的城市空间描绘成一句顺口溜：宽马路、三排树、圆广场、小别墅，这是对长春城市空间的真实写照，其中许多城市空间特征一直延续到今天。

20 世纪 70 年代，随着城市的不断发展，大量人员返回城市导致的人口增加，新型住宅建设开始启动，相继建设了一批有规模的居住区，同时一直困扰长春的饮用水问题也越发严重，开始影响长春人的日常生活，除了 20 世纪 50 年代末期建设的新立城水库和石头口门水库外，寻找新的水源地已经迫在眉睫。

这一时期，大型工业建筑及其厂前区的建设、具有城市公益性和地标性的大型公共建筑和新建科研院所大专院校成为城市发展的标志和亮点。

9 改革开放后的长春

改革开放后，特别是进入 21 世纪，长春的城市发展进入快车道，朝着东北亚中心城市的方向奋力前行，大手笔的城市规划与建设项目陆续出台，城市面貌发生了巨大变化。

分两期建设的"引松入长工程"在 21 世纪到来之前顺利完成，从松花江年引水量可以达到 3 亿立方米以上，从根本上解决了长春生活用水和工业用水难的老问题。城市基础设施建设快速发展，长春轨道交通总长度已经超过 100km，目前已经开通了地铁 1 号和 2 号线，有 7 条地铁线路正在同时修建，未来长春市轨道交通线网将由 10 条线路组成，规划总里程将超过 300km。

长春市相继建设了一批大型公共建筑，例如可以容纳 4 万人的长春南岭体育场，容纳 2.5 万人的经开体育场，容纳 1.2 万人的长春体育馆，5 万 m^2 的吉林省图书馆，11 万 m^2 的吉林省科技文化中心（由吉林省博物院、吉林省科学技术馆和中国光学科学技术馆三馆组成），6 万 m^2 的长春市规划及文化综合展馆，占地 33 万 m^2 的长春国际会展中心和占地 106 万 m^2

的长春农博园，更是助推了长春会展业的发展，长春世界雕塑园的规划建设使长春又获得了雕塑城的美誉，占地面积 92 万 m^2 的公园内会集了来自世界 216 个国家和地区的万余件雕塑作品。长春龙嘉机场的建成使用，特别是新航站楼的启用让长春的航空运输迈上了新台阶，机场旅客吞吐量已经达到 1400 万人次。

目前长春市区人口已经超过 440 万人，市区机动车保有量远超 100 万辆，城市规模和城市交通发生了巨大变化，随着两纵两横城市快速路的建设使长春的城市交通进入立体化时代。

长春的"母亲河"——伊通河的治理取得令人瞩目的效果，百里景观风光带已经初露端倪，成为穿越城市的绿色廊道。将迁出的长春市净水厂改造为长春水文化生态园，这座占地 30 万 m^2 的公园既保留了原有的工业遗产，又为市民提供一处休闲场所。

进入 21 世纪，长春城市建设也迈入了超高层建筑的时代，城市建筑的高度记录不断被打破，从改革开放初期的第一座高层建筑——长白山宾馆，到刚刚建成的高达 226m 的长春国际金融中心，百米以上的高层建筑鳞次栉比数不胜数。

许多建筑大师和世界著名建筑师事务所也纷纷来到长春，留下了众多优秀的建筑设计作品，例如齐康院士团队设计的长春净月潭门前景区，何镜堂院士团队设计的长春烈士陵园、松山·韩蓉非洲艺术收藏馆和吉林大学鼎新楼，崔愷院士指导设计的长春市规划及文化综合展馆，程泰宁院士团队设计的长春雕塑博物馆等建筑，以及德国 GMP 设计的吉林省科技中心。

长春这座北国春城近些年来也获得了许多荣誉：国家历史文化名城、国家卫生城市、全国绿化模范城市、中国最具幸福感城市、中国最具影响力会展城市、十大美好生活城市，希望长春未来更美好，也希望长春这座城市更美丽！

参考文献

1. 于泾. 长春史话（增订本）[M]. 长春：长春出版社，2009.
2. 伊原幸之助. 长春发展志 [M]. 邹元植，译. 长春市志.
3. 西泽泰彦. 日本殖民地建筑论 [M]. 名古屋：名古屋大学出版会，2008.
4. 越泽明. 中国东北都市计画史 [M]. 黄世孟，译. 台北：台湾大佳出版社，1989.
5. 越泽明. 伪满洲国首都规划 [M]. 欧硕，译. 北京：社会科学文献出版社，2011.
6. 曲晓范. 近代东北城市的历史变迁 [M]. 长春：东北师范大学出版社，2001.
7. 杨天宏. 中国的近代转型与传统制约 [M]. 贵州：贵州人民出版社，2000.
8. 李之吉，戚勇. 长春近代建筑 [M]. 长春：长春出版社，2001.
9. 李之吉. 中国东北地区主流城市近代建筑历史文化研究 [M]. 长春：长春出版社，2012.
10. 李之吉. 长春市胜利大街保护与开发利用研究 [M]. 长春：长春出版社，2015.

二、长春市建筑漫步

1 伪满皇宫旧址

伪满皇宫旧址位于长春市光复北路 5 号，其前身是民国时期吉林、黑龙江两省管理盐务的吉黑榷运局官署，位于当时长春商埠地东北侧，兴运路北的高地上，当时周围还都是农田，比较偏僻，有办公楼、盐库等建筑。现存的缉熙楼、勤民楼以及一些附属建筑都是这一时期遗留下来的，唯有同德殿是专门为溥仪设计建造的。2013 年，伪满皇宫旧址成为全国重点文物保护单位，现为伪满皇宫博物院，伪满皇宫是长春市最早公布的历史文化街区之一，规划总用地面积约为 25hm²。

1932 年 4 月 3 日，伪满洲国执政府由商埠地道台衙署旧址迁至新修缮的原吉黑榷运局官署旧址。1934 年"满洲国"改称"满洲帝国"，3 月 1 日，溥仪在勤民楼举行登基大典，"执政府"也变为"帝宫"，民间俗称"皇宫"。

建筑群以中和门为界分为内廷和外廷，内廷主要有缉熙楼、东御花园、同德殿等，是溥仪及其眷属的生活区；外廷主要有勤民楼、怀远楼、嘉乐殿等，是溥仪的政务活动区，此外，旧址内还有神庙遗址、跑马场、近卫军营房等附属设施。

图 1 伪满皇宫同德门旧址（2017 年 摄）

■ 同德殿旧址

保护等级：国家级文保单位
建筑设计：相贺兼介
施工单位：户田组
建筑规模：3570m²
结构形式：钢混框架结构
动工时间：1937 年 6 月
建成时间：1938 年底

图 2　同德门屋檐局部（2017 年　摄）

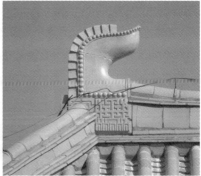

图 3　修复后的同德殿屋脊（2017 年　摄）

图 4　伪满皇宫同德殿旧址（2017 年　摄）

由于新规划的"帝宫"规模较大，一时难以建成，1937 年在勤民楼东侧建造了临时"宫廷"，取"日满一德一心"之意将这座建筑命名为"同德殿"，由当时担任营缮需品局营缮处设计科兼监理科科长的相贺兼介主持设计，建筑地下一层，地上两层，工程造价 56.1 万元，其每平方米造价之高仅次于"满洲中央银行"大楼。

建筑采用浅米黄色面砖、金黄色琉璃瓦顶，屋脊的鸱尾造型是唐式的，垂脊的兽头虽然是龙头的造型，但都已经几何形体化，建筑主体的屋顶采用变形的庑殿顶形式。

同德殿入口处设有巨大的内厅，便于进行各种规模的接见活动，大厅上空悬挂有大型宫灯，建筑内部装饰豪华，木造墙裙，官式吊顶，同时还设有采暖空调设备，集居住、接待、娱乐为一体。

■缉熙楼

建于 1910 年代，两层建筑，建筑面积 1000m²，青砖外墙铁皮屋面，门前设有双柱门廊，透露着古典建筑的气息，这里原为吉黑榷运局遗留的办公楼，后维修改建为溥仪和后妃的寝宫，据说溥仪取《诗经·大雅·文王》"于缉熙敬止"将其命名为"缉熙楼"。

图 5 修复后的缉熙楼旧址（2021 年 摄）

图 6　修复后的勤民楼旧址（2017 年　摄）

图 7　1930 年代的勤民楼

图 8　勤民楼内溥仪的办公室（2010 年　摄）

图 9　勤民楼接见大厅（2005 年　摄）

图 10　勤民楼大餐厅（2005 年　摄）

■勤民楼

建于 1910 年代，两层方形建筑，设有内庭，建筑面积 1392m²，绿色的穹顶看起来更具有欧式风情，维修改建后成为溥仪的办公楼。据说溥仪取其祖训"敬天法祖，勤政爱民"将其命名为"勤民楼"，这座建筑门前的台阶上曾经历过中国近代史上许多重大事件，二层的木制阳台曾因火灾而损毁，后修复。

■东御花园

建于 1938 年，占地面积 1 万多 m²，位于同德殿的南侧，由当时在长春的日本园林专家佐藤昌主持设计建造，东御花园兼有日本园林与中国北方园林的特色。

图 11　重修的兴运门（2015 年　摄）

图 12　兴运门内侧（2017 年　摄）

图 13　修复后的宫内府（2017 年　摄）

图 14　从东御花园看同德殿（2017 年　摄）

■神庙旧址

建于 1940 年，是为供奉日本皇室"天照大神"而修建的，充分显示出日本殖民统治的真实面目，神庙规模较小，为日本传统木造建筑，坐北朝南三进院落，1945 年 8 月溥仪逃离长春时，被日本人放火焚毁，现存有灰色花岗石造台基和柱础。

图 15　神庙旧址（2005 年　摄）

2 日本关东军司令部旧址

建筑地址：长春市朝阳区新发路 637 号
保护等级：国家级文保单位
建筑设计：关东军经理部
施工单位：大林组
建筑规模：13424m²
结构形式：钢混框架结构
动工时间：1932 年 8 月
建成时间：1934 年 8 月

关东军司令部旧址建于当时的新发屯，位于"大同大街"（今人民大街）与新发路交会路口的西北角，与东侧的关东局办公大楼隔街相对，是日本关东军在长春建设的第一座大型建筑，该建筑背靠"满铁长春附属地"，是从火车站沿"大同大街"进入新市区所看到的第一个建筑，它与对面的关东局一起成为新市区的门户。

关东军司令部是日本侵华期间在东北三省的最高权力机构，所以它是长春当时最重要的建筑，由于关东军司令同时兼任驻伪满洲国"大使"，所以这里同时又是日本"大使馆"。

该建筑占地面积 76500m²，设半地下室 1 层，地上 3 层，两翼局部 4 层，中间塔楼为 5 层，建筑最高点距地面 31.5m，楼内共有房间 221 间，工程造价 170 万元，工程作业人数达 30 万人次。

整个建筑呈"山"字形，在中部及两翼设有塔楼，中部塔楼设有重檐歇山顶，其形式同日本传统形式的城门样式相近。屋顶用黑色铜瓦铺盖，檐部出挑很大，与白色的墙面形成鲜明对比，坡屋面及两翼的檐部都采用檐构排水方式，黑色方形排水管同黑色的屋顶及檐沟形成一体，檐口下的墙面以棕黄色面砖为主。关东军司令部旧址与日本"帝冠式"建筑有着完全相同的设计理念和建筑形式。

图 1　施工过程中的关东军司令部　　　　图 2　关东军司令部旧址塔楼（1995 年　摄）

图 3　1930 年代关东军司令部全景

图 4　关东军司令部旧址正面（2020 年　摄）

图 5　关东军司令部旧址屋顶局部（2020 年　摄）

3 日本关东军司令官官邸旧址

建筑地址：长春市宽城区新发路 1169 号
保护等级：国家级文保单位
建筑设计：关东军经理部
施工单位：大林组
建筑规模：3000m²
结构形式：钢混框架结构
动工时间：1933 年
建成时间：1934 年

关东军司令官官邸旧址位于吉林省松苑宾馆院内，关东军司令部旧址的西侧，是长春有史以来规模最大的官邸建筑，伪满洲国时期几任关东军司令均居住在此。官邸占地近 10 万 m²，背靠西公园，建筑主入口朝向西侧，地下 1 层，地上 2 层，局部塔楼 4 层，建筑形式采用城堡式的建筑风格，建筑造型精美，施工工艺精湛。

建筑外墙采用当时流行的有竖向条纹且质感粗糙的棕黄色面砖和当地产的砂岩石材组合而成。利用面砖的色差和由面砖组砌成不同的图案产生的光影变化使建筑充满了生活的气氛，再加上顶部黑色的铁皮尖顶更增添了一分庄重和异国的情调，建筑内部有一个两层高的大厅，楼梯在大厅中直上 2 层，四周做环廊。室内主要有指挥室、接待室、大小餐厅、厨房、台球室、会议室以及生活起居用房，官邸北面最初还建有卫队营房。建筑入口对面建有圆形的松树池，内有石制的喷泉水池。

关东军司令官官邸是当时长春建设较早的官邸建筑，其平面布局形式成为后来重要官邸建筑模仿的榜样，例如南侧过廊通过落地的拱门进入室外平台，这种形式在长春后来的官邸建筑中可以经常看到。

从历史照片、新闻报纸等资料上可以看到，当年在南侧的室外平台以及下面的草坪上会时常举行一些庆典和社交活动。

长春解放后，这里作为吉林省松苑宾馆一栋，曾经先后接待过毛泽东、周恩来等党和国家领导人，现有建筑外部和内部门厅部分保存完好，基本保持当年的样貌。

图 1 初建成的关东军司令官官邸，1934 年

图 2 关东军司令官官邸旧址（2011 年 摄）

图3 官邸旧址东侧（2019年 摄）

图4 官邸旧址壁灯（2010年 摄）

图5 官邸旧址局部装饰（2011年 摄）

图 6　旧址南侧的平台（2011 年　摄）

图 7　门前松树池内的喷泉（2010 年　摄）

4 日本关东局旧址

建筑地址：长春市南关区新发路 329 号
保护等级：国家级文保单位
建筑设计：关东局土木课
施工单位：大林组
建筑规模：12000m²
结构形式：钢混框架结构
动工时间：1933 年 6 月
建成时间：1935 年

关东局旧址位于当年"大同大街"和新发路交会处的东北角，该建筑占地面积近 3 万 m²，建有一层半地下室，地上 3 层，后来关东军宪兵司令部也迁入这座大楼中。

关东局旧址建筑平面呈"L"形，很好地照顾到"大同大街"和新发路两侧的建成效果，该建筑由关东局土木课臼井健三主持设计，整个建筑造型简洁，以浅棕黄色面砖为主，局部辅以浅色的石材贴面。

关东局旧址建筑女儿墙及檐口处有水刷石线角的装饰，南侧的主入口与西侧的次入口都设有门廊，门廊前的柱子断面为方形，没有任何装饰，建筑入口处局部高起呈错台状，以强调入口的处理。

图 1　1930 年代的关东局

关东局旧址是长春当时日伪军政建筑中建筑形式最简洁的建筑，它几乎不附带有任何传统的装饰与纹样图案。后来该建筑旧址经历了多次改扩建，最终形成了目前"口"字形的建筑。

图 2　关东局旧址正面（2020 年　摄）

图 3　关东局旧址西面（2020 年　摄）

5 伪满洲国国务院（第五厅舍）旧址

建筑地址：长春市朝阳区新民大街 126 号
保护等级：国家级文保单位
建筑设计：石井达郎
施工单位：大林组
建筑规模：19116m²
结构形式：钢混框架结构
动工时间：1934 年 7 月 19 日
建成时间：1936 年 11 月 20 日

伪满洲国国务院（第五厅舍）旧址位于当时"顺天大街"（今新民大街）的最北端，隔街与第九厅舍伪军事部相对，北靠"顺天广场"（今文化广场），在伪满洲国政府办公建筑中占有最重要的位置。

1933 年 3 月伪满国务院成立了"官衙建筑委员会"，其成员由各部门的政府要员组成，负责对伪满政府行政办公建筑进行设计审查。1934 年初，开始对伪满国务院的设计方案进行初审，最后选定石井达郎的设计方案。

伪满国务院办公楼建有 1 层地下室，地上 4 层，中间塔楼 6 层，高度达 44.8m，是当时长春最高的建筑，工程造价达 250 万元，在当时伪

图 1 初建成的伪满国务院

图 2　修缮竣工的伪满国务院旧址（2017 年　摄）

图 3　修缮竣工的伪满国务院旧址（2017 年　摄）

图 4　室外灯具

图 5 门厅内的主楼梯（2017 年 摄）

图 6 贵宾室（2017 年 摄）

图 7 室内大讲堂（2017 年 摄）

图 8　扶手端部的抱鼓石
（2017 年　摄）

图 9　室内灯具

46

满政府办公建筑中面积最大、耗资最多，在已建成的建筑中，其投资额仅次于造价 600 万元的伪满"中央银行"大楼而排在第二位。

石井达郎的设计方案之所以能最终被选中，是因为他能够很好地总结和吸收已建成的各类大型建筑的优点，并将其集于一身。例如，建筑两翼的处理手法就参考了关东军司令部，只是把两侧日本式的歇山顶改成了中国式的四角攒尖顶，而中间塔楼的设计充分地展现了石井达郎的设计水平，他吸收了日本国会议事堂的构思，将中日传统建筑元素同欧美建筑形式很好地结合起来，创造出具有东方式秀美的建筑造型。

塔楼顶部采用重檐的四角攒尖顶，虽然瓦的颜色、宝顶的细部造型以及垂脊上的兽饰都是日本风格，但其曲线的屋顶及总体造型具有典型的中国风格。重檐屋顶下是大面积的实墙，四面各配 4 根塔司干柱式，为了使上部较小的塔楼同下部大尺寸的基座有更好的过渡，使用了 4 个巨大的实体墩台，墩台之下设计了 4 根巨大的望柱，既丰富了局部的细节，又很好地解决了"观礼台"的功能。3 层高的门廊有 4 根塔司干柱式，在两侧用方柱收边，使塔楼在构图上更加稳定。建筑结合南北两个次入口，关注了南北次立面的处理，使建筑形象更加完整。

建筑采用深褐色的面砖和屋面瓦，配以浅色的石材贴面，显得十分庄重，连同门卫及大门都作了细致的设计，成为当时"满洲式"建筑的设计范式。

在主入口北侧建筑勒脚处有"康德二年"的奠基石。除了主体建筑外，还建有两处门卫室和一处近 900m² 的车库。

图 10　车库檐部做法（2012 年　摄）

6 伪满洲国军事部（第九厅舍）旧址

建筑地址：长春市朝阳区新民大街 71 号
保护等级：国家级文保单位
建筑设计：营缮需品局营缮处
施工单位：大林组
建筑规模：15764m²
结构形式：钢混框架结构
动工时间：1936 年 8 月 31 日
建成时间：1938 年 10 月 31 日

伪满洲国军事部（第九厅舍）位于当时"顺天大街"（今新民大街）的最北端，同大街东侧的伪满国务院相对，隔"顺天广场"（今文化广场）同北侧规划中的伪满"帝宫"相望，位置非常重要。

伪满军事部大楼在兴仁大街（今解放大路）南部后退道路距离同伪满国务院一样，但在建筑布局上却没有像伪满国务院那样采用轴线对称的布局形式，而是把平面做成三角形，在转角位置设置主入口，朝向丁字路口方向，这种布局形式虽然考虑了场地的特殊情况，但却没有处理好同对面伪满国务院大楼的关系。由于建筑入口及重心放在转角处，从广场上看，其体量就过于靠前，也使其与整条大街上的建筑布局显得格格不入。

伪满军事部工程造价为 110 万元，建有 1 层地下室，主体建筑地上 4 层，局部 5 层。入口门廊上部栏板有雕刻精美尺度巨大的望柱，中间两颗望柱柱头要短一些，局部女儿墙做成城墙垛口的样式，局部 5 层部分采用硬山式两坡顶，显得有失庄重。建筑外墙饰面材料与伪满国务院相同，室内门厅处设有两层的通厅，四周回廊的柱头上有硕大的斗栱造型。

伪满军事部旧址因火灾导致 5 层部分的屋顶损毁，于 1970 年整体接建 1 层，至今接层痕迹清晰可见，同时把 6 层顶部改为歇山式屋顶，屋顶及檐口的琉璃瓦也都改成绿色，增加了尺度巨大的装饰浮雕图案，更加剧了这座建筑存在的既有矛盾。

图 1　1938 年的伪满军事部

图 2　伪满军事部旧址
（2020 年　摄）

图 3　入口车道与门廊
（2020 年　摄）

图 4　门廊上的浮雕（2020 年　摄）

图 5　建筑局部做法（2020 年　摄）

7 伪满洲国司法部（第六厅舍）旧址

建筑地址：长春市朝阳区新民大街 828 号
保护等级：国家级文保单位
建筑设计：相贺兼介
施工单位：大林组
建筑规模：5200m²
结构形式：砖混内框架结构
动工时间：1935 年
建成时间：1936 年

伪满洲国司法部（第六厅舍）位于"顺天大街"（今新民大街）中段的东侧，与第十厅舍伪满经济部隔街相对。伪满司法部由相贺兼介主持设计，该设计方案最初是用于参加伪满国务院设计方案的竞选，由于最终选择了石井达郎所做的设计方案，相贺兼介设计的方案就移作伪满司法部。该建筑地上 3 层，中间塔楼部分为 6 层，工程造价为 43 万元。

相贺兼介这次所做的方案没有按照第二厅舍的设计方向进行发展，而是选择了另外一条道路，设计方案中的塔楼日本味十足，而使其没有任何"满洲的气氛"，这可能也是其落选伪满国务院的重要原因。

图 1　1936 年的伪满司法部，远处为伪满国务院

相贺兼介在设计方案时，对于建筑比例和尺度的掌控常常出问题，这一点在第一厅舍、第二厅舍中都出现过，在伪满司法部的设计中也没能避免。体量过大的塔楼使建筑的两翼显得过于短小，入口门廊过低，显得黑暗而压抑，双柱的设计更增添了笨重感。两翼一层火焰券窗套下的壁柱比例失调，这些也许是由于原来伪满国务院的大体量方案缩小所至（伪满司法部仅是伪满国务院面积的 1/4）。建筑屋顶采用日本国内常用的绿色琉璃瓦，同棕色的墙面不太协调，也同"顺天大街"上的其他建筑缺少呼应。

图 2　伪满司法部旧址（2020 年　摄）

图3 伪满司法部旧址局部（2017 年 摄）

图4 屋顶局部（2020 年 摄）

图5 室内主楼梯（2017 年 摄）

图6 水磨石地面拼花（2017 年 摄）

图7 墙面局部装饰（2020 年 摄）

图8 檐口局部做法（2020 年 摄）

8　伪满洲国经济部（第十厅舍）旧址

建筑地址：长春市朝阳区新民大街 829 号
保护等级：国家级文保单位
建筑设计：营缮需品局营缮处
施工单位：清水组
建筑规模：10254m²
结构形式：钢混框架结构
动工时间：1937 年 7 月 17 日
建成时间：1939 年 7 月 31 日

伪满洲国经济部（第十厅舍）位于当时"顺天大街"（今新民大街）中段的西侧，伪满军事部与交通部之间，伪满司法部对面。建筑建有 1 层地下室，地上 4 层，局部 5 层，两翼为 3 层，建筑最高为 26.51m。据资料记载：该建筑共使用钢材 700t、水泥 6 万袋，工程造价 77.4 万元。

在《"满洲"建筑》杂志中其建筑样式被称作"东洋趣味的近代式"，建筑外墙是深褐色面砖，中间为水泥砂浆抹面，突出的 5 层部分为两坡顶，使用深褐色琉璃瓦，两侧女儿墙压顶为深褐色琉璃砖，突出的扶壁悬挑在半空，强调了檐部的装饰和光影效果。

虽然是经济部，却是这条大街上造型与装饰最简单的一栋建筑，曾经被日本建筑家土浦龟城称为"丑陋"的建筑，该建筑与周边环境还比较协调。

图 1　初建成的伪满经济部

图 2 伪满经济部旧址
（2010 年 摄）

图 3 伪满经济部室内楼梯
（2013 年 摄）

图 4 屋脊细部做法（2020 年 摄）

图 5 檐口细部做法（2020 年 摄）

9 伪满洲国交通部（第八厅舍）旧址

建筑地址：长春市朝阳区新民大街 1163 号
保护等级：国家级文保单位
建筑设计：营缮需品局营缮处
施工单位：长谷川组
建筑规模：8056m²
结构形式：钢混框架结构
动工时间：1936 年 8 月 18 日
建成时间：1937 年 12 月 10 日

　　伪满洲国交通部（第八厅舍）建于当时的"顺天大街"（今新民大街）南部的西侧，占地面积 18464m²，地下 1 层，地上 3 层，中间局部 4 层，建筑最高点距地 27m。该建筑工程造价为 44.67 万元，耗用钢筋 597t、混凝土 3500m³、红砖 184 万块。

　　整个建筑造型生动，把外墙的琉璃装饰用到极致，细部做工精致，经多年的风雨剥蚀，仍毫无损伤。深紫褐色的琉璃面砖衬托着黄灰色的琉璃装饰构件，女儿墙的檐部设有小的垛口，并有石材的压顶。建筑两翼的端

图 1　伪满交通部旧址（2010 年　摄）

部设有凸出的窗套和阳台的装饰，类似垂花门的形式。入口门廊灯座下，台阶两侧有抱鼓石，建筑下部贴浅色石材。

这座被称为"新兴满洲式"的建筑，其深重的颜色、黑色的屋顶和向前后高高翘起的屋脊都给人以神秘的感觉，设计者对建筑装饰及材料的表现都有很多独到之处。

整栋建筑充满着强烈的装饰性，渗透出玛雅建筑的装饰效果。20世纪初期，美国建筑大师赖特受邀到日本设计新帝国饭店，赖特把之前尝试的玛雅建筑元素带到了日本，多年之后，日本建筑师又把这种风格和做法带到了长春。

图2　初建成的伪满交通部

图3　建筑入口两侧的抱鼓石
（2020年　摄）

图4　伪满交通部旧址室内楼梯
（2010年　摄）

图5　建筑细部装饰（2020年　摄）

10　伪满洲国综合法衙旧址

建筑地址：长春市朝阳区自由大路 108 号
保护等级：国家级文保单位
建筑设计：牧野正巳
施工单位：高冈组
建筑规模：14800m²
结构形式：钢混框架结构
动工时间：1936 年 6 月
建成时间：1938 年

伪满洲国综合法衙又叫作中央法衙、"新京"法院合同厅舍，位于当时"安民广场"（今新民广场）的东侧，是"顺天大街"（今新民大街）伪满政府办公建筑中最南端的一个。该建筑占地面积 10 余万 m²，工程造价达 84.87 万元。建筑设有 1 层地下室，其中一部分是用于关押犯人的牢房，地上 3 层，设有办公室和审判室，其中大审判室背景墙上有龙头浮雕，建筑中间主体塔楼局部 5 层，由牧野正巳设计，伪满营缮需品局监理。

伪满洲国综合法衙旧址建筑平面图看起来仿佛就像是一张拉开的弓箭，两条斜向的走廊就是弓弦，是继伪满国务院之后，又一成功的"满洲式"建筑的力作，其设计水平及创新性方面都不低于前者。

图 1　1930 年代的伪满中央法衙

牧野正巳有长期在中国东北生活居住的经历，以及对中国传统建筑的深入理解，在设计法院这种容易受欧美建筑传统形式影响的建筑类型时，并没有受到已有定式的束缚，采用了创新的理念，整个建筑没有庄重的柱式，而是通体充满了优美的曲线，中间高起部分采用弧形实墙体为主，以加强其体量和稳重感，顶部四角重檐的攒尖顶尺度适宜。女儿墙部位都采用深褐色的琉璃瓦作檐口，更加强了整个建筑的曲线美，同时也很好地体

图 2　俯瞰伪满中央法衙旧址（2011 年　摄）

图 3　伪满洲国综合法衙旧址，门前建有喷泉（1995 年　摄）

现了广场建筑的特征。该建筑的巨大门廊上开有玻璃采光顶，建筑内部有4层高的中庭，四周设回廊，上部设有玻璃采光顶，这是当时最高的室内共享空间。为避免广场和两侧交通干道噪声和视线的干扰，将建筑临街面设计为单廊的形式，开设很窄小的窗户采光，也导致室内采光效果不好。

外墙采用与关东军司令官官邸同样的面砖，在曲面处的面砖都加工成弧形。室内楼梯、扶手及墙裙都采用米黄色预制水磨石贴面，使用至今仍平整光洁如新，预制水磨石的加工技艺与水平达到了顶峰。

同伪满国务院大楼有着巨大差别的是，伪满中央法衙的建筑设计没有直接搬用欧美建筑的形式和元素，局部装饰除了有日本传统建筑的痕迹之外，也看到与伪满交通部相似的做法，而建筑的主体形象是设计者再创造的结果。

图 4　中央塔楼，门前的喷泉已经被拆除（2007 年　摄）

图 5　门廊内的入口

图 6　南侧阳台细部做法（2010 年　摄）

图 7　加工精致的预制水磨石构件

图 8　大法庭墙面的浮雕（2014 年　摄）

图 9　屋顶宝顶做法

图 10　屋檐瓦件做法细部

11 伪满洲国民生部旧址

建筑地址：长春市朝阳区人民大街 3623 号
保护等级：国家级文保单位
建筑设计：总务厅需用处营缮科
建筑规模：5310m²
结构形式：钢混框架结构
动工时间：1935 年
建成时间：1937 年

伪满洲国民生部旧址位于当时"大同大街"（今人民大街）1101 号，人民大街与通化路交会处西北角。伪满洲国民生部旧址与斜对面的伪满国勤劳部（第三厅舍）旧址使用一套施工图纸，只有南北两侧山墙的开窗数量不同，其他部分外观完全一样。

伪满洲国成立最初设立了 9 个部，即蒙政部、文教部、司法部、交通部、实业部、财政部、军政部、外交部、民政部，后来又缩减为 8 个部：即交通部、经济部、兴农部、司法部、外交部、文教部、民生部、军事部，就是现在人们常说的"伪满八大部"。

伪满洲国民生部主要掌管学校教育、保健卫生、社会设施等相关事宜。中华人民共和国成立后该建筑长期为吉林省石油化工设计研究院使用。

图 1 1930 年代的伪满民生部

图 2 伪满民生部旧址（2020 年 摄）

图 3　伪满民生部旧址入口门廊

图 4　门厅内的主楼梯（2010 年　摄）

图 5　伪满民生部旧址宝顶（2020 年　摄）

图 6　保存完好的消火栓（2010 年　摄）

图 7　屋脊装饰构件（2020 年　摄）

图 8　室内马赛克地面（2010 年　摄）

12 伪满洲国外交部旧址

建筑地址：长春市朝阳区建设街 1122 号
保护等级：国家级文保单位
建筑设计：BROSSARD-MOPIN 公司（法国）
建筑规模：5310m^2
结构形式：钢混框架结构
动工时间：1933 年
建成时间：1934 年

　　伪满洲国外交部旧址位于当时"兴亚街"（今建设街）与大庆路（今普庆路）路口的南侧。东南临近规划中的御花园，是当时最靠近"帝宫"规划用地的办公建筑。该建筑由法国 BROSSARD － MOPIN 公司负责设计与施工管理，工程用款是由法国经济发展协会提供的有偿贷款，也是伪满时期长春唯一一座引入西方投资并由西方人设计的建筑。

　　伪满洲国外交部旧址的设计风格非常独特，建筑平面布局灵活而自由，立面造型也很丰富，它是当时伪满行政办公建筑中平面形状最复杂的建筑。除主入口的正面和背面受西方建筑形式的影响外，设计者一直在试图表现东方式建筑的性格，空透的栏杆、六边形的窗户、圆形的月亮门都体现了法国建筑师对"满洲式"建筑内涵的理解。特别是建筑北侧的次要入口，圆拱形的门洞、两侧向内倾斜的墙体与上面建筑的局部装饰都有着浓厚的日本近代建筑的味道。

图 1　1930 年代的伪满外交部

伪满洲国外交部旧址地上 2 层，地下 1 层。南侧地下室在地面上有 3 个玻璃采光窗，由于要承受来往行人的踩踏，所以用铸铁做骨架，并镶有厚重的倒锥形彩色玻璃，白天用来为地下室补充采光，夜晚地下室的灯光又照亮玻璃地面，彩色玻璃五彩斑斓，效果独特。

伪满洲国外交部旧址建筑外墙采用当时流行的水平向窄条面砖，转角部位都做成完整的转角定型产品，柱廊用六边形的石柱支承，上部有石制的柱头和雀替造型，伪满外交部旧址是一个成功的建筑设计作品，只是它不像是一座办公楼，更像是一座园林建筑。

2001 年在伪满外交部旧址南侧新建了一栋高层住宅，再加上建筑自身改造，外墙饰面材料的更换，使得建筑原有风貌遭到严重破坏。

图 2　1930 年代伪满外交部主入口

图 3　建筑南侧入口历史照片

图 4　建筑南侧入口（1996 年　摄）

13　长春第一汽车制造厂早期建筑（生产区）

建筑地址：长春市绿园区东风大街 68 号一汽厂区院内
保护等级：国家级文保单位
建筑设计：全苏汽车拖拉机设计院 + 第一汽车制造厂基建处
施工单位：建筑工程部直属建筑公司
建筑规模：整个厂区
结构形式：钢混框架结构
动工时间：1953 年
建成时间：1956 年

长春第一汽车制造厂 2013 年经国务院批准公布为国家级文物保护单位，2016 年被列入首批中国 20 世纪建筑遗产名录，2018 年入选第一批中国工业遗产保护名录。

1951 年 3 月 19 日，国家政务院财经委员会第 127 号文件批准汽车制造厂在长春孟家屯车站铁路线西侧建设，工厂地址确定后，在苏联专家的指导下，由国内相关单位完成勘测任务后将全部资料翻译后送交全苏汽车拖拉机设计院作为设计依据，全苏汽车拖拉机设计院组织数百人投入汽车厂的初步设计和技术设计，莫斯科斯大林汽车厂负责全面包建，并联合 26 个苏联设计单位，组织 600 多位设计人员完成了第一汽车制造厂的全部工艺和施工设计。

1952 年 1 月，经过数百名工程技术人员的努力，为第一汽车制造厂完成了初步设计工作，也拉开了工厂建设的帷幕。

1953 年 7 月 15 日，举行了第一汽车制造厂建设奠基典礼。1956 年 7 月 15 日，经历了三年的艰苦建设，第一批国产解放牌汽车从总装配线上驶出，这表明中国不能制造汽车的历史从此结束，长春第一汽车制造厂也因此被称为新中国汽车工业的摇篮。

长春第一汽车制造厂早期建筑的生产区位于现东风大街 68 号工厂院内，是早期各分厂的厂房，至今保存完好，其中有纪念碑、工厂一号门、生产厂房、水塔、冷却塔等多处国家级文物。厂区车间按照工艺流程进行对称布置，厂房都采用清水红砖墙，局部设有门廊，女儿墙上的浮雕

图 1　第一汽车制造厂一号门（2020 年　摄）

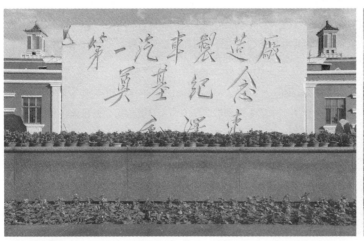

图 2　毛主席亲笔题字（2020 年　摄）

图 3 第一台解放牌汽车就是从这 图 4 厂区内部建筑与道路（2004 年 摄）
里开出来的（2020 年 摄）

造型多为具有苏联社会主义含义的装饰图案。由于汽车制造业已经发生了巨大变化，原有厂房已经无法满足新的生产工艺的要求，目前部分老厂房已经闲置，计划改造成为工业博物馆，用来展示第一汽车制造厂的发展历史。

在厂区西侧一号门入口两侧厂房和东端靠近动力车间厂房的屋顶上设计有四座方形四角攒尖顶的亭子，四座亭子界定了一期厂房的范围，绿色琉璃瓦表现出鲜明的中国传统民族风格，这在当时的工业建筑设计上是十分罕见的。

图 5　工厂动力车间（2004 年　摄）　图 6　一直沿用至今的冷却塔（2014 年　摄）

图 7　厂区供水塔（2004 年　摄）　图 8　厂房局部装饰（2014 年　摄）

14　长春第一汽车制造厂早期建筑（生活区）

建筑地址：长春市绿园区迎春路两侧，锦程大街与昆仑路周边
保护等级：国家级文保单位
建筑设计：华东工业部建筑公司
施工单位：建筑工程部直属建筑公司
建筑规模：91 栋
结构形式：砖混结构 + 木屋架
动工时间：1953 年
建成时间：1954 年

　　看过电视连续剧《东北一家人》的人都不会忘记一句经典歌词——"东北人都是活雷锋"，更不会忘记电视剧中唯一的室外场景—— 一幢老式住宅入门的画面，这个画面就是平至长春第一汽车制造厂的职工宿舍，这个20 世纪 50 年代初期按照苏联规划模式建造起来的厂前区工人新村。红砖墙、围合的院落空间成为其最大的特色，如今留在这里的是在那个激情燃烧的岁月中人们忘我的工作精神以及对社会主义新生活的向往，一些曾经在这里居住过的老人每每看到这些熟悉的建筑时都会勾起他们对失去的青春的记忆，也为那时充实的生活而自豪。

　　在中华人民共和国成立初期，苏联援建中国工业建设项目的同时，也将其邻里单位的规划思想输入中国，其中规模最大且最有代表性的就是长春第一汽车制造厂厂前区职工宿舍。在创业大街以南、东风大街以北、日新路以西、长青路以东，以及迎春南路、迎春路两侧街区内尚有近百栋保护完好的居住建筑，该街区是中华人民共和国成立后最大的工业区及配套居住区之一，其集体主义生活状态延续至今。

　　这种邻里单位的规划思想加上周边式的布局形式代表了苏联那个时期对社会主义生活模式的定位与构想。当年苏联建筑工程部城市建筑设计院受中方委托，在 1952 年夏承担第一汽车制造厂前宿舍区的初步规划设计。依据其规划设计方案，1953 年 1 月，上海华东工业部建筑公司从上海抽调 140 多名技术人员来到长春，进行工厂宿舍区的设计工作。1953 年 8 月，由王华彬建筑师主持设计的 300 宿舍区开始动工建设。

第一汽车制造厂厂前生活区共分为两大部分：迎春路两侧的 300 宿舍区是 1953 年规划设计建设的；而东风大街两侧，更大面积的 301 宿舍区要晚一些，两处建筑在 1954 年先后建成。这两块区域都采用周边式的规划布局模式，但是建筑形式却截然不同，300 宿舍区完全搬用了苏联国内的住宅形式，与国内同期建设的住宅非常相似，而 301 宿舍区则采用当时国内盛行的民族形式的大屋顶，像第一汽车制造厂这样如此大规模地在工业建筑和普通民用建筑中采用民族形式进行设计和建造的情况，在全国都非常罕见。

图 1　建成初期的生活区

图 2　共青团花园两侧底商住宅（2007 年　摄）

图 3　临东风大街一侧的住宅（2007 年　摄）

图 4　周边式布局的庭院空间（2014 年　摄）

图 5　配电室也采用大屋顶（2007 年　摄）

图 6　唯一没有粉刷的住宅（2007 年　摄）

图 7　300 宿舍住宅区（2007 年　摄）

15　长春电影制片厂早期建筑旧址

建筑地址：长春市朝阳区红旗街 1118 号
保护等级：国家级文保单位
建筑设计：中山克己
施工单位：清水组
建筑规模：20294m²
结构形式：钢混框架结构＋木屋架
动工时间：1937 年 11 月 6 日
建成时间：1939 年 10 月 28 日

　　长春电影制片厂的前身是创建于 20 世纪 30 年代末的"株式会社满洲映画协会"，简称"满映"，位于当时洪熙街（今红旗街）602 号，厂区占地面积 17.4 万 m²，建筑面积 2 万多 m²，初期有 1 栋办公楼、6 座摄影棚，以及录音室、洗印车间等形成的建筑群，之后又多次增建和改建。

　　"满映"是日本殖民统治和奴化教育的重要工具。据史料记载："满映"是由日本东京照相化学研究所增谷麟仿照国外电影制片厂进行工艺设计，在长春从事多年建筑设计的日本建筑师中山克己负责建筑设计，由清水组负责建筑施工，"满洲电气"负责电气施工，腾本商社负责采暖和空调施工。在主楼门廊北侧留有"康德六年七月（即 1939 年）"的"定础"刻字，应该是标志着"满映"建成的时间。主楼外侧贴浅灰黄色小面砖，窗下墙贴预制水刷石饰面，女儿墙檐口处做深棕色琉璃砖收边，摄影棚等大部分建筑均为红砖墙。

图 1　建成初期的"株式会社满洲映画协会"建筑群

1945 年 10 月在"满映"旧址成立了东北电影公司,后改为东北电影制片厂,1955 年 2 月,正式更名为"长春电影制片厂",简称"长影"。长春电影制片厂是新中国电影的摇篮,当时汇聚国内的艺术家拍摄了大量经典的电影,在这里诞生了新中国电影的许多个第一。

"满映"时期,除了这栋办公楼和摄影棚外,还有两个重要的地方,一是 1941 年建成的湖西会馆(已经拆除),另一个就是不远处的"满映"理事长甘粕正彦的官邸——小白楼。"长影"时期"小白楼"

图 2 长春电影制片厂的标志(2020 年 摄)

图 3 远眺长春电影制片厂(2008 年 摄)

图 4　长春电影制片厂旧址（2020 年　摄）

图 5　摄影棚改造的游客中心（2020 年　摄）

图 6　长春电影制片厂旧址门廊（2020 年　摄）

图 7　门廊内"满映"定础石

是剧作家创作剧本的研讨基地，许多经典作品都是在这里写成的，因此"长影小白楼"在中国电影事业中具有特别重要的意义。

正门处的毛泽东主席雕像建于 1967 年 7 月，雕像连同基座高达 10m，由长影美术师集体创作。

改革开放后，特别是跨入 21 世纪，中国电影事业发生了很大变化，长影集团将长春电影制片厂旧址升级改造，一方面维修加固原有建筑，建立长影旧址博物馆，完整保留原来长影时期的工作状态，展示新中国电影的发展历史；另一方面通过城市微更新增加现代化的观演空间，谋求更好的发展。

图 8　长影小白楼（2020 年　摄）

图 9　长影小白楼门房（2020 年　摄）

图 10　长影小白楼的花台（2020 年　摄）

16 吉长道尹公署旧址

建筑地址：长春市南关区亚泰大街 669 号
保护等级：国家级文保单位
建筑规模：占地近 30000m²
结构形式：砖木结构
建成时间：1909 年

  长春商埠地区域内最重要的建筑就是吉长道尹公署，俗称"道台衙门"。整个衙署占地近 30000m²，建成时主要建筑有大门、塔楼、大堂和衙署长官官邸等近 10 栋建筑。据史料记载，该建筑最初为吉林西路兵备道，1913 年更名为"吉林西南路观察使公署"，1914 年又改为吉长道公署，1922—1924 年，这里曾经为吉林督军行署。

  衙署建筑设计所追求的是高大、雄伟的设计风格，也是想以此来同日本人占据的"满铁长春附属地"的建筑抗衡。吉长道尹公署旧址的设计方案显然是拿来的，建筑设计并没有考虑长春严寒的气候特征，而是选择了围廊式建筑，这种建筑形式在中国最早出现在沿海早期开放城市，适合在气候炎热地区建造，吉长道尹公署旧址应该是中国近代围廊式建筑最北的实例。

  1932 年 3 月 8 日，溥仪初到长春时就住在"已破旧不堪"的道台衙门，并在此举行了"执政"就职典礼，此处即成为伪满洲国临时执政府。同年 4 月 3 日，伪满执政府迁至新修缮后的原吉黑榷运局旧址，这里相继成为伪满洲国国务院、参议府、外交部、法制局、交涉署等行政机构所在地，它见证了长春近代历史特别是伪满 14 年历史的重要节点。

  吉长道尹公署旧址在使用期间经过两次规模比较大的改造，对原有建筑影响最大的一次改造发生在 20 世纪 20 年代初，将原有规模比较小的门楼拆除，改为体量高大的门楼；将大堂入口处的凉亭式塔楼拆除，建造了形式复杂的入口门廊，使建筑显得更加高大。至今在大堂入口台阶处依然可以看到修改前塔楼的基础痕迹，改造后的门楼及大堂入口门廊均采用双柱式，一派西式古典风貌，但改建后的建筑体量笨重，与原有建筑的拱

图 1　建成初期的吉长道尹公署大门

图 2　1930 年代的吉长道尹公署大门

形围廊风格不一致。

　　中华人民共和国成立后，这座建筑先后被多户居民占用，特别是改为工厂时对原有建筑损毁较大，拆除了几栋建筑，许多拱廊被改造，多年后的修复依然没有纠正，目前旧址内存留有大门、大堂、二堂，以及一栋官邸建筑。

图3　1930年代的吉长道尹公署大堂门廊

图4　伪满洲国执政就任典礼后的合影

图 5　吉长道尹公署官邸旧址（2007 年　摄）

图 6　吉长道尹公署大堂、二堂旧址（2007 年　摄）

17 伪满中央银行总行旧址

建筑地址：长春市朝阳区人民大街 2303 号
保护等级：国家级文保单位
建筑设计：西村好时
施工单位：大林组
建筑规模：26075m²
结构形式：钢骨架混凝土结构
动工时间：1934 年 4 月
建成时间：1938 年 3 月

伪满中央银行总行旧址建于当时"大同广场"（今人民广场）的西北侧，是当时最重要的银行建筑，历时 4 年才建成，耗资 600 万元，是这一时期建造时间最长、造价最高的建筑。

伪满中央银行总行旧址占地面积近 30000m²，占满了一个街区，旧址地下 3 层，地上 4 层，主体高 21.5m。建筑南面和东面贴十家堡产的花岗石厚石板，背面为人造石。内部地面为十家堡磨光花岗石，墙壁为进口的大理石，工程用工总计 631280 人次。主要使用的建筑材料：水泥 25 万袋、钢骨架 2440t、钢筋 2650t，用钢量高达 5090t，占当年东北全年建筑钢材用量的近一半。

伪满中央银行总行旧址由西村好时建筑设计事务所设计，西村好时曾经担任日本第一银行建筑课长，从事该银行总行和分行的设计，并曾设计了台湾银行。西村好时将银行建筑常用的古典主义风格原封不动地引进来，是日本建筑师应对伪满洲国建筑设计的一种代表类型。

该建筑是长春唯一的钢骨架混凝土结构的建筑，它的主体结构是以钢结构为骨架，然后再浇筑混凝土，钢结构与混凝土共同受力，这要比普通钢筋混凝土结构更加坚固。

建筑主立面 10 根直径 2m 的希腊多立克柱式粗大而挺拔，建筑细部已大大简化，较少的开窗同石材贴面都使这栋建筑显得更加坚固、稳重。入口外侧大门采用水平推拉式，以增加防冲撞性能。室内设有通厅，高大而宽敞，28 根大理石贴面的塔司干柱式凌空支承屋顶，大厅中部有一个

图 1　远眺伪满中央银行总行旧址（2020 年　摄）

图 2　伪满中央银行总行旧址（2020 年　摄）

图 3 檐口局部做法（2020 年 摄）

图 4 粗壮的多立克柱式（2020 年 摄）

巨大的拱形钢结构玻璃天窗，地下保险库重达 25t 的大门依然可以正常使用。

　　这座建筑采用希腊古典复兴式风格，以其坚固而著称，加上有 3 层的地下室，所以曾经被作为军事堡垒，当年国民党将领郑洞国就是从这栋建筑走出来向解放军投诚的。

　　20 世纪 80 年代初在原银行大楼的西侧加建了部分建筑，使其最初未完成的一角被补齐。

图 5 营业处金库大门

图 6 金库大门

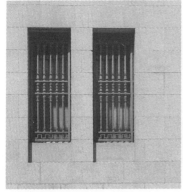

图 7 墙面及防护栏做法（2020 年 摄）

图 8 入口大门（2020 年 摄）

图 9 保存完好的石墩和铁链围栏（2020 年 摄）

18   伪满建国忠灵庙旧址

建筑地址：长春市南关区人民大街 7419 号西侧
保护等级：国家级文保单位
建筑设计：营缮需品局营缮处"宫廷"造营科
施工单位：三田组
建筑规模：占地 456000m²
结构形式：砖混结构 + 钢屋架
动工时间：1936 年
建成时间：1940 年

    伪满建国忠灵庙旧址位于当年"大同大街"（今人民大街）南端的西侧，
"建国广场"（后来的工农广场，现已拆除）西南部，是当时占地面积最大
的一组建筑，专门用于祭祀为伪满洲帝国尽忠殉职的日满文武官吏及其他
人员而修建的，总投资为 160 万元。

    整个建筑群利用狭长的地形，背对东南向的布置方式，也就是背对日
本本土方向。它同当时的"忠灵塔"、神武殿的设计理念相同，都带有强烈
的殖民主义色彩。

    整个建筑群共分为外庭和内庭两大部分，其中外庭包括前门、参
道、昭忠桥、庙务所、纪念馆等建筑，内庭包括两侧中门、手洗所、神门
（内门）、东西配殿、回廊、角楼、拜殿（祭殿）、灵殿。内庭是整个建筑
群的核心空间，当时这里每年有固定的祭祀活动 20 次，目前只存留有神门、
东西配殿、回廊、四座角楼、拜殿和灵殿。

    内门高 13.8m，中间有 3 开间的柱廊，两侧为实墙，歇山式琉璃
瓦屋顶，脊端鸱吻高高翘起，戗脊端部及垂脊的走兽造型都是日本式的。
柱子被涂成红色，檐下彩绘都有红色的线角，圆柱有明显的收分，并有
八边形的柱头。

    穿内门而入，迎面就是 7 开间、38m 宽、19.7m 高、面积达 905m²
的拜殿。拜殿前部有柱廊，歇山式屋顶及细部做法都与内门相同，柱廊后
有五扇大门可直接进入拜殿。大门为朱红色漆，铜色电镀板包角，拜殿两
侧建有 5 开间的配殿。

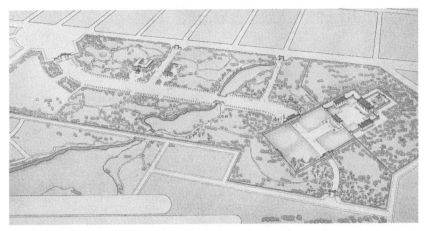

图 1 伪满建国忠灵庙鸟瞰效果图

图 2 从洗手所看内廷建筑群

图 3 配殿及围廊和角楼历史照片

图 4 正殿历史照片

图 5 正殿室内历史照片

图 6　神门旧址现状（2010 年　摄）

图 7　正殿旧址现状（2009 年　摄）

通过拜殿后门就到了后院空间，在白色大理石台基之上，有一座方形的白色大理石贴面的塔形建筑，这就是整个建筑群中最重要的建筑——灵殿（也称"本殿"），灵殿为方形，是整个建筑群中唯一用白色大理石贴面的建筑，灵殿前部有火焰券式拱门，殿内供有牌位，墙壁上有金箔的装饰，建筑 7m 见方，高 19m，祭拜者面向日本本土方向。

整个空间的布置从内门开始，沿轴线布置的拜殿和灵殿，其台基在不断升高，最后突出灵殿的最高位置，回廊和四周角楼的尺度都比较小，以此来衬托主体建筑的高大。

图 8　本殿旧址现状（2010 年　摄）

图 9　正殿山花局部（2009 年　摄）

图 10　配殿山花局部（2009 年　摄）

19 宽城子火车站俱乐部旧址

建筑地址：长春市宽城区凯旋路 1717 号
保护等级：国家级文保单位
建筑规模：地上两层
结构形式：砖混结构
建成时间：1928 年

　　宽城子火车站俱乐部是中东铁路宽城子附属地内当年规模最大的一座建筑，据相关专家考证，该建筑建于 1928 年，旧址建筑为两层砖木结构，窗子窄而高，建筑最初为铁皮四坡屋顶，中间两座塔楼和门廊顶部的造型来源于俄国古代城墙垛口的做法，东侧角楼有一帐篷式的尖顶，整座建筑呈现出浓郁的俄罗斯建筑风格。

　　在建筑形式上并没有采用当时已经在哈尔滨广泛采用的新艺术运动风格的形式，只是在圆弧形的入口处有些新艺术运动风格的痕迹。建筑立面有许多线脚和壁柱的装饰，建筑朝向西南，既不平行也不垂直于火车站站舍。

图 1　宽城子车站俱乐部历史照片

宽城子火车站俱乐部旧址后来经过多次改造和接层，原来的坡屋顶被改为平屋顶，建筑北侧原来带有异形柱式的外廊，柱头扭曲，柱身上下呈现丰满的曲线变化，今天看到的建筑门廊也是后增建的，以前这座建筑外墙被涂成白色，因此也曾经叫作"小白楼"。

图 2　1930 年代的宽城子车站俱乐部

图 3　柱廊局部（2010 年　摄）

图 4　宽城子车站俱乐部旧址现状（2021 年　摄）

20   中东铁路宽城子站区兵营旧址

建筑地址：长春市宽城区一匡街和一心街南侧
保护等级：省级文保单位
建筑规模：地上一层
结构形式：砖木结构
建成时间：1900 年代

随着中东铁路南部支线宽城子站区的建设，俄方先后建设了车站及附属设施、铁路员工住宅、学校、护路队营房、俱乐部等建筑。日俄战争之后，宽城子站区的地位越发重要，当时在火车站的东侧建有南北大营和将校营，现只残存一栋兵营和八栋将校营，分布在北至一匡街、南至长盛街、西至一心街、东至英盛街的长方形地块内。

将校营是为护路军不同军阶军官提供的住宅，俗称"将校营"，每栋住宅在东西两侧开门，以朝向火车站方向的西侧大门为主，既可以独立居住，也可以两户共用。现存 8 栋将校营遗址建筑形式各异，其中西侧 4 栋建筑规模较大，又以两栋带有入户门楼的建筑最有特色，它们共同的特点为：一是外墙采用红砖和青砖相结合的组砌形式，当时俄式红砖的烧制数量有限；二是出挑 1/4 砖厚进行凸出线脚的砌筑；三是高大的黑色铁皮坡屋顶；四是建筑檐部都设有木制构件，既为了悬挑支撑，又可以起到装饰作用。后三个特点为中东铁路沿线建筑的基本特征，唯有第一点，即建筑有很多凸出的线角图案并采用红砖与青砖交叉组合砌筑的方式，使这些在当地人看来陌生的建筑形象，又有着熟悉的建筑色彩。

在一心街西侧兵营遗址的北侧山墙上存有"还我河山"壁画，是 20 世纪 20 年代末东省特别区小学时期遗留下来的。

图1　1号、2号建筑（2020年 摄）

图2　2号建筑（2020年 摄）

图3　3号建筑（2020年　摄）

图4　4号建筑（2020年　摄）

图5　5号建筑（2020年　摄）

图6　8号建筑（2020年　摄）

图7　2号建筑局部

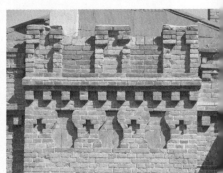

图8　4号建筑局部

图9　5号建筑局部

图10　7号建筑局部

21 苏军烈士纪念塔

建筑地址：长春市朝阳区人民大街 2303 号
保护等级：省级文保单位
建筑规模：高 27.5m
结构形式：钢筋混凝土结构
动工时间：1945 年 8 月
建成时间：1945 年 11 月

1945 年 8 月 19 日，苏联红军外贝加尔军区加尔洛夫少将率领 200 人的先遣队乘飞机降落在长春西郊的大房身机场，驻长春日本关东军宣布投降。苏军进入东北后，同时在哈尔滨、长春、沈阳和大连等重要城市建造了苏军烈士纪念碑，所有纪念碑正面均朝向北方，其中长春苏军烈士纪念塔高度最高，是为了纪念后贝加尔湖方面牺牲的 23 名飞行员。

长春苏军烈士纪念塔选址在长春的几何中心——当年的"大同广场"（今人民广场）中间，这里原来是伪满洲国的水准原点。整个纪念塔高度为 27.5m，圆形基座直径为 30m，纪念塔的造型具有强烈的雕塑感和光影效果，塔基、塔座、塔身三部分构图完整，比例和谐庄重，纪念塔外侧采用灰黄色花岗石砌筑，塔座为圆形，外侧建有矮墙，加上 6 座 3m 高的石柱产生强烈的空间围合感，拱卫着中间的纪念塔，塔身正面还镶嵌有苏联的国徽和军徽浮雕。

塔身下部刻有图案和文字，塔顶部安置一架苏制轰炸机的模型，塔的底层四面均镌刻文字，北面刻有中文"苏军烈士永垂不朽"和俄文阴刻"为苏联的荣誉和胜利在战斗中牺牲的英雄永垂不朽"。南面中文阴刻为"中苏友谊万古长青"；下有俄文阴刻为"这里埋葬着为苏联荣誉和胜利在战斗中英勇牺牲的后贝加尔湖方面的飞行员"，东面和西面有俄文阴刻的 23 名飞行员的名字。

苏军烈士纪念塔位于长春市城市中心广场的中央，曾经是长春城市的地标性建筑。

图 1　苏军烈士纪念塔北面（2020 年　摄）

图 2　纪念塔顶部飞机模型（2020 年　摄）

图 3　苏联国徽

图 4　苏军军徽

长春市

22 长春清真寺

建筑地址：长春市南关区昆明街 166 号
保护等级：省级文保单位
建筑规模：占地面积 5000m²
结构形式：砖木结构
动工时间：1862 年
建成时间：1874 年

长春清真寺位于长春市南关区昆明街南侧，长通路北侧清真寺胡同内，始建于清同治年间，为长春市现存历史最悠久的建筑群。

据史料记载：清道光四年（1824 年），长春的回民捐助集资在老城内东三道街修建了清真寺。随着信众数量的增加，后又集资购地，在现址（后来位于商埠地内）重建清真寺。清光绪十七年至十九年间（1891—1893 年）重修寺门、讲堂、正殿以及围墙。2011 年，长春清真寺进行了历史上最大规模的一次修缮，维修加固了原有建筑，增加了一些服务性用房，最醒目的地方是临长通路一侧新建了一座 3 开间的落地牌坊。

长春清真寺采用我国北方传统的建筑形式建造，坐西向东，寺门开在南侧。寺院建筑群沿着东西纵轴线，北侧为教长室、女礼拜殿和其他一些附属用房，南侧有寺门和无字碑，轴线最东侧为讲堂，正殿（礼拜殿）位于纵轴线的核心位置，在纵轴线的最底端建有高大的望月楼。长春清真寺与当地传统寺庙的院落布局既有相似的做法，又有自身独特之处，正殿朝向东侧就是为了满足信众礼拜必须朝向圣城麦加方向的要求。

正殿前面建有巨大的月台，便于进行各种祭祀活动。正殿前部为五开间的抱厅，屋顶为卷棚歇山式，斗栱飞檐，雀替透雕，十分华丽，隔扇、槛窗做工细致，彩绘以蓝色为主，体现伊斯兰教建筑的特点。

建寺初期正殿只有一个进深，民国 18 年（1929 年）重修正殿，将原来只有 7m 进深的大殿进行改造，增加两跨，采用三座连造的形式，屋顶形成"勾连搭"，高低错落，走兽相对，极富变化。

图1 长春清真寺牌楼（2013年 摄）

图2 长春清真寺大门及全景（2013年 摄）

图 3　长春清真寺抱厅及大殿（2013 年　摄）

正殿前部的南北山墙上有吉林传统民居常用的"山坠"和"腰花"砖雕，并有"垂花门"的造型，砖雕上再施以彩绘，下部设有圆窗，造型组合丰富，很有新意。

望月楼平面呈六边形，上部为木构架，重檐彩绘，六角攒尖顶。紧靠望月楼的正殿屋脊正吻高大，保存完好。

教长室为教长居住的地方，面阔五间，硬山式屋顶，仰瓦屋面，屋脊上有砖雕，门前曾经有一颗古榆树，名为"九龙榆"。讲堂为五间，硬山式屋顶，设有檐廊，两侧有看墙，山墙有"山坠""腰花"，其尺度和形式都与吉林传统民居相似。

寺门采用北方传统的山门形式，中间为一大门，两边分设小门并用墙体分隔开，寺门墙面及正殿抱厅的墙面都涂成黑色，华丽之中又显庄重。长春清真寺是北方传统寺庙建筑和传统民居建筑的融合，其形式有很多民居的色彩，同时又受到当时京师建筑风格与做法的影响。

图 4　教长室门前的"九龙榆"（1997 年　摄）

图 5　长春清真寺内院及教长室（2013 年　摄）

图 6 长春清真寺女礼拜殿（2013 年 摄）

图 7 长春清真寺大殿对厅（2013 年 摄）

图8　教长室檐下雀替（2013年　摄）

图9　山门西侧拴马桩顶部石狮　　　图10　山门东侧拴马桩顶部石狮

23 伪满首都警察厅（第二厅舍）旧址

建筑地址：长春市宽城区人民大街 2627 号
保护等级：省级文保单位
建筑设计：相贺兼介
施工单位：三田组
建筑规模：5203m²
结构形式：钢混框架结构
动工时间：1932 年 7 月 31 日
建成时间：1933 年 6 月 15 日

伪满首都警察厅（第二厅舍）旧址位于当年"大同广场"（今人民广场）的西南角，由伪满国务院临时"国都建设局"建筑课长相贺兼介主持设计，是伪满洲国最早建成的一批办公建筑。该建筑曾先后作为伪满司法部、外交部、警察厅使用，国民党占据时期为长春警察局，苏军军管时期还做过苏军医院。

伪满首都警察厅建筑主体为两层，中部是高达 28m 的塔楼，虽然为钢筋混凝土框架结构，但是外墙依然采用 600 厚青砖砌筑，工程造价 30.31 万元，卫生设施由胜本商会施工，"满洲电气"负责电气施工，楼内设有消火栓。该建筑建成后由于设计问题导致塔楼结构开裂，最后将塔楼拆除大半，原有的四角攒尖顶也无法恢复。当时在对面还建造了另

图 1　1930 年代初的伪满首都警察厅

图 2　塔楼细部做法

外一个建筑，即第一厅舍，两栋建筑体量相同，只是建筑风格不一样，第一厅舍塔楼后来也被局部拆除。

伪满首都警察厅旧址是第一个"满洲式"风格的建筑，主入口及两侧柱廊上方檐口部分有鸱吻构件，屋面瓦当上有阳刻的"满"字，上下两层的窗间墙有双龙浮雕，室内楼梯有抱鼓石，建筑师把能够想到的中国元素几乎都用上了，建筑奠基石处有时任伪满总理大臣郑孝胥的题字，是伪满时期重要的军政建筑。

图 3　伪满首都警察厅旧址现状（2020 年　摄）

图 4　门厅主楼梯（2014 年　摄）

图 5　建筑勒脚处的奠基石

24 伪满洲国国民勤劳部（第三厅舍）旧址

建筑地址：长春市南关区人民大街 3518 号
保护等级：省级文保单位
建筑设计：总务厅需用处营缮科
建筑规模：5310m²
结构形式：钢混框架结构
动工时间：1932 年
建成时间：1934 年

伪满洲国国民勤劳部（第三厅舍）旧址位于人民大街与吉林大路路口的东南角，同"第十二厅舍"伪满蒙政部隔街相对，南临"第七厅舍"伪满吉黑榷运署。该建筑最初是为伪满财政部使用，之后经济部、营缮需品局和建筑局等部门也曾经在此办公，1945 年划归伪满洲国国民勤劳部。

该建筑地上两层，中间塔楼局部 3 层，钢筋混凝土框架结构，墙体采用青砖砌筑，建筑平面呈"一字"形，长达 116m，在当时城市最宽的大街上显得非常舒展，成为这一区域的标志性建筑。虽然临近路口城市广场（现已拆除），但由于广场尺寸比较小，设计上并没有按照广场建筑进行布置。

在建筑形式元素中，既有日式的平直屋顶和构件，也有中式的兽饰，在入口上方出现了中国式的檐口、斗拱、屋脊和鸱吻，同时也使用了 6 根两层楼高的塔司干柱式，东方与西方设计元素前后映衬，效果独特。在女儿墙的外侧出挑绿色琉璃瓦的檐口，这种做法在"第二厅舍"建筑上就使用过，中间部分的屋顶采用单檐四角攒尖顶，坡屋顶角度平直，四面都设有老虎窗，建筑上的装饰构件也非常丰富，其中两层之间的墙面上有空腹预制的装饰构件，下面有莲花瓣的造型。

该建筑将东西方建筑要素结合在一起，为以后伪满政府办公建筑形式的发展提供了一个新的样板。后来在对面新建伪满民生部时就完全搬用了"第三厅舍"的设计方案，只是南北两端开窗有些不同，这样就形成在相邻地段内出现了完全相同的两栋建筑，这在当时也算是一个奇观。

一方面表明"第三厅舍"的建筑形象能被很多人所接受，同时也反映出当时设计能力的缺乏和建设时间的仓促。

长春解放后，伪满洲国国民勤劳部旧址曾经作为吉林财贸学院（今吉林财经大学）的主楼，在 20 世纪 80 年代初该建筑整体加建了一层，中间塔楼局部加建两层，原有建筑风貌被彻底改变了，2016 年经历了一次结构加固和建筑修缮，又改变了原有建筑的色彩，现在两座相对的建筑看起来已经完全不一样了。

图 1　施工中的伪满国民勤劳部　　　　图 2　伪满国民勤劳部（1930 年代　摄）

图 3　伪满国民勤劳部旧址（2010 年　摄）

25 伪满国务总理大臣官邸旧址

建筑地址：长春市朝阳区西民主大街 429 号
保护等级：省级文保单位
建筑设计：营缮需品局营缮处
施工单位：户田组
建筑规模：1796m²
结构形式：砖混结构
动工时间：1936 年
建成时间：1937 年

伪满国务总理大臣官邸旧址是为第二任伪满洲国总理张景惠设计建造的，位于当时西万寿路（今西民主大街）西侧，伪满外交部旧址的南侧。它是继关东军司令部官邸之后，长春近代规模第二大的官邸建筑，也是同期官邸建筑中唯一带有中国传统建筑元素的实例，该建筑工程造价 14.7 万元，地上 2 层，地下 1 层，塔楼为 3 层。

整个建筑采用传统的西方近代建筑的构图手法，以高高的塔楼为重点强调其构图中心的作用，两侧配以舒展的低矮空间，建筑陡峻的屋顶很像伪满交通部旧址。塔楼顶部层层出挑并覆盖一个四角攒尖顶，攒尖顶的垂脊上有琉璃的兽饰。

图 1　伪满国务总理大臣官邸旧址（2010 年　摄）

入口门厅为两层高的通厅，并设有环廊，入口台阶及侧廊等空间与当时的官邸建筑很相似。室内还设有接见厅、大餐厅、办公室，南侧设有长廊直通室外露台，室内灯具保存依然完好。

建筑上的琉璃面砖做工精细，连坡屋顶的通气孔都做出精美的造型。另一个显著特点是屋顶琉璃瓦的颜色同面砖的颜色非常接近，从而使建筑整体感非常强，该建筑是继伪满交通部之后又一个大量使用琉璃构件的建筑。

该建筑入口两侧的铸铜壁灯居然有龙的造型，这在中国传统的君臣理念中是不可想象的。入口门廊的形式与建筑缺少呼应关系，并且高度上也略高一些，破坏了建筑的比例关系，建筑入口对面建有树池，里面栽种有黑松，这种做法在当时非常流行。

图2　官邸旧址二层南侧平台（2010 年　摄）

图3　建筑局部做法（2010 年　摄）

图4　门廊壁灯（2010 年　摄）

图5　建筑南侧门廊（2010 年　摄）

26 东本愿寺"新京下院"旧址

建筑地址：长春市朝阳区北安路与文化街交会处
保护等级：省级文保单位
建筑设计：总务厅需用处营缮科
施工单位：福昌公司
建筑规模：1590m^2
结构形式：砖混结构
动工时间：1936 年 5 月
建成时间：1937 年

东本愿寺"新京下院"旧址建于当时北安路北侧，明伦街（今文化街）西侧，位于关东军司令部旧址南约 300m 处。东面临近"大同大街"的会馆区，西部为"日满军人会馆"旧址，是当时日本军政要员活动最为集中的区域，该寺为日本东本愿寺的"新京下院"，信奉净土真宗。

东本愿寺"新京下院"旧址地上一层，局部地下一层，工程造价21 万元。建筑主体为钢筋混凝土仿木结构，大殿为钢屋架，附属建筑为木屋架，局部配有木构件的装饰。大殿屋顶为铜板瓦，屋脊及局部饰物均为铜板包裹，呈现出特殊的绿色，构造细致精美，它是日本在中国境内修建的建筑规模最大的传统寺院。

东本愿寺"新京下院"旧址大殿及附属建筑相连并形成内庭院，大殿模仿日本东京都东本愿寺正殿的大歇山顶，表现为典型的日本传统神庙建筑的形象。大殿使用钢筋混凝土结构来模仿木构架的形式和做法，柱头有斗栱，但柱间斗栱作法特殊，陡峻的歇山式屋顶尺度巨大，侧面暴露出用混凝土模仿木构架的斗栱、梁等构件。

附属建筑的尺度要比大殿小很多，用这种近乎夸张的设计手法来起到衬托的作用，附属建筑的屋顶部分为木结构，灰黑色日本板瓦，入口上部出挑的弧形挑檐木雕精美，屋顶板瓦虽经多年风雨剥蚀，依然精美如初，极具日本传统建筑风格。

图 1　东本愿寺"新京下院"旧址（2020 年　摄）

图 2　北侧附属建筑（2020 年　摄）

图 3　大殿南侧（2020 年　摄）

图 4　大殿南侧局部（2020 年　摄）

图 5　大殿屋脊细部做法（2020 年　摄）

27 神武殿旧址

建筑地址：长春市朝阳区牡丹园北门处
保护等级：省级文保单位
建筑设计：宫地二郎
施工单位："满洲竹中工务店"
建筑规模：5245m²
结构形式：钢混框架结构
动工时间：1939 年 9 月 25 日
建成时间：1940 年 10 月 31 日

　　神武殿旧址建于当时"大同大街"（今人民大街）西侧，"东顺治路"（今东中华路）南、立信街东侧的牡丹公园西北角，是为了纪念日本纪元2600 年而建造的，是日本人日常习练和祭祀神武天皇的场所。

　　神武殿旧址建筑主体部分设有半地下室及局部环廊，建筑高达 22m，室内空间以中间大殿的柔道场和剑道场为主，四周分别为贵宾席、示范席、观览席、陈列室，西侧有相扑场、小道场，此外还有一个开敞式的射箭场，射箭者和靶位都处于开敞的建筑廊檐之下，建筑东侧为管理用房。

图 1　神武殿旧址（2020 年　摄）

神武殿旧址的建筑总平面布置朝向东南方向，即朝向日本本土，它是当时继"忠灵塔""忠灵庙"之后第三座朝向日本本土的建筑。

神武殿旧址为钢筋混凝土仿木结构，采用日本传统的寺庙建筑样式，白墙黑色陶瓦，建筑形式舒展，形态优美，保存完好，大殿屋顶采用钢屋架，歇山式屋顶，工程造价140万元。大殿屋顶两面均有三条跨脊的钢索，两座配殿每面有两条钢索，用于防止屋顶变形以及在维修时牵拉设备时使用。神武殿旧址建筑目前为吉林大学鸣放宫，内部被改为具有观演功能的空间。

图2　神武殿旧址屋顶局部（2020年　摄）

图3　神武殿旧址屋顶局部（2010年　摄）

28 长春地质宫

建筑地址：长春市朝阳区西民主大街 938 号
保护等级：省级文保单位
建筑设计：长春设计公司
施工单位：长春建筑工程公司
建筑规模：30000m²
结构形式：钢混框架结构
动工时间：1953 年
建成时间：1954 年

　　地质宫是原长春地质学院的主教学楼。据史料记载，1951 年，国家在长春创建东北地质专科学校，首任校长由中国科学院副院长李四光兼任。1952 年，全国高等学校院系调整时，以东北地质专科学校为基础，将东北工学院长春分院地质系等院系合并组成东北地质学院。1957 年，东北地质学院更名为"长春地质勘探学院"。1958 年更名为"长春地质学院"。

　　地质宫是在原来伪满洲国"帝宫"的基础上改建而成的，在长春近代城市规划中利用杏花村一带高起的地形规划布置了当时的行政中心，其中最为重要的建筑就是伪满洲国"帝宫"。在"帝宫"广场南侧，一条起伏

图 1　地质宫（2020 年　摄）

宽阔的道路两侧分布伪满洲国重要的行政机构，即"一院""一衙""四部"。规模庞大的"帝宫"是一个建筑组群，东西两边有辅助建筑围合，后面是御花园，"帝宫"的设计方案最终由当时的营缮需品局营缮处工务科葛冈正男主持设计。1938年9月10日举行"新宫廷营造开工事典"，陆续投入近400万元。1941年底太平洋战争爆发后，一切进入战时状态，"帝宫"建设最终停滞下来，据介绍当时建筑只完成了基础和一层部分。

东北地质学院在长春成立后急需建设校舍，经与长春市政府协商后，由地质部投资，将伪满洲国"帝宫"——这座烂尾楼批复给了该校建设新校舍，长春设计公司被委托开展设计工作，建筑设计由王辅臣担任设计组负责人。从设计图纸的签名和时间来看，应该是边设计边施工。由于没有原始施工图纸，工程技术人员只能在现场边测绘边设计。原有"帝宫"一层有座巨大的台基，前面还设有月台，地上建筑只有两层，新建建筑为4层，但由于原有建筑基础部分已经完成，因此建筑的长宽尺寸及基本体量已经被确定下来了。由于建筑前面有巨大的广场，周围的附属建筑并没有建成，今天看来地质宫的建筑体量依然显得有些小，地质宫也是中华人民共和国成立初期长春"十大建筑"之一。

图2　南面的坡道、石狮和门廊（2020年　摄）

长春地质宫绿色的琉璃瓦加上入口 6 根红色的柱子使其看起来完全是中华人民共和国成立后民族形式盛行时期的建筑风格，但是很多人并不了解它的前世。地质宫前近 20hm^2 的广场是长春市举行重大活动的集会场所，地质宫也见证了长春现代发展的历史。

图 3　地质宫门前的华表（2020 年　摄）

地质宫门前设有26m宽、12m深的巨大平台，还有两条车道直通平台，在一层和三层两侧各有70m长带有仿制汉白玉栏杆的观礼台，再加上石狮和华表，整个建筑一派宫廷建筑景象。《人民日报》在1955年3月28日刊发了题为《一座浪费的不适用的学校建筑》，点名批评地质宫铺张浪费，600多万元的造价远远超出当时国家对高等学校校舍建设标准的要求。

建筑建成后，由时任中国社会科学院院长的郭沫若题字命名为"地质宫"，这就是地质宫名字的由来。几十年过去了，当年的长春地质学院已经合并到吉林大学，只有地质宫的牌匾和楼内的地质博物馆还能够记录着那段过往的历史。

图4　楼梯扶手前的抱鼓石（2010年　摄）　　图5　屋脊做法（2020年　摄）

图6　屋檐出挑及瓦件做法（2020年　摄）

29 吉林大学理化楼

建筑地址：长春市朝阳区解放大路 2519 号
保护等级：省级文保单位
建筑设计：袁培霖
施工单位：吉林省建筑一公司
建筑规模：43000m²
结构形式：钢混框架结构
设计时间：1959 年
建成时间：1964 年

吉林大学理化楼是吉林大学的主楼和标志性建筑，建成以后唐敖庆（1915—2008）等著名科学家都曾经在这里工作过，也是长春市改革开放前规模最大、最重要的教育类建筑，一直沿用至今。

吉林大学理化楼建筑造型采用古典的构图方式，即竖向三段式，水平五段式的构图，建筑造型稳重大方，建筑外饰面材料以水刷石为主，既体现了时代的特征，又表现出教育建筑质朴的风格。

吉林大学理化楼建筑平面呈"王"字形，有一层半地下室，营造出室内外近 2m 的高差，建筑主体地上 5 层，中间塔楼 7 层，顶层设有天窗，能够为教室和实验室提供更好的采光效果。在主体塔楼外墙上有体现工业、

图 1　刚刚建成的理化楼，远处为"满洲炭矿株式会社"旧址

农业和科技等内容的浮雕，还有传统的漏窗和装饰图案，建筑造型简洁之中又充满传统的装饰细节。

在建筑主体顶层北侧的大空间设计中使用当时国内尚未采用过的双脊扁壳结构外加折板造型设计，代表了当时长春市建筑设计、结构设计，以及施工技术的最高水平，但是由于朝向北侧校园内，很少有人能够看到。

图 2　吉林大学理化楼局部（2020 年　摄）

图 3　吉林大学理化楼装饰图案（2020 年　摄）

30 长春市体育馆

建筑地址：长春市朝阳区人民大街 2999 号
保护等级：省级文保单位
建筑设计：同济大学葛如亮 + 长春市建筑工程局设计室
建筑规模：13650m²
结构形式：钢混框架结构 + 钢桁架
动工时间：1956 年 10 月 4 日
建成时间：1957 年

长春市体育馆（原长春市人民体育馆）位于人民大街与东朝阳路交会处，是中华人民共和国成立后吉林省最早建成的大型体育场馆，该建筑采用钢筋混凝土框架结构，屋顶为钢桁架，比赛场馆跨度为 42m，长 60m，高 26m，拥有 4000 多个座席，可以进行篮球、排球比赛，这里曾经长期作为吉林东北虎篮球队的主场。

长春市体育馆的方案设计由同济大学葛如亮完成，长春市建筑工程局设计室张惠等完成施工图设计。葛如亮毕业于上海交通大学，后到清华大学深造，师从梁思成先生。葛如亮擅长体育建筑设计，在长春体育馆设计中"首次运用综合视觉质量分区图的观点设计"，长春市体育馆也因此被载入世界体育建筑设计的历史。

图 1　长春市体育馆（2020 年　摄）

长春市体育馆高达 3 层的巨大拱形入口彰显出体育建筑的力量特征，檐部具有传统元素的装饰又呈现出时代的气息，建筑外饰面以水泥砂浆分格为主，顶层为水泥砂浆拉毛，这里曾经举办过多次历史性的赛事和集会，是中华人民共和国成立初期长春"十大建筑"之一。2009 年长春体育馆迎来建成以后规模最大的一次结构加固和复原修缮。

图 2　长春市体育馆南侧（2020 年　摄）

图 3　长春市体育馆比赛大厅
（2008 年　摄）

图 4　长春市体育馆顶部装饰
（2020 年　摄）

图 5　长春市体育馆侧廊（2008 年　摄）

31 吉林省南湖宾馆主楼

建筑地址：长春市朝阳区南湖大路 3798 号
保护等级：省级文保单位
建筑设计：卜毅
施工单位：长春市建筑公司
建筑规模：15000m²
结构形式：钢混框架结构
动工时间：1958 年
建成时间：1960 年

　　吉林省南湖宾馆坐落于长春市南湖大路南部，整个宾馆园区占地 8.6 万 m²，这里绿树成荫，据说有 100 多种树木，60 多种鸟类在这里繁衍栖息，号称吉林省的"国宾馆"。一期工程为主楼及 6 栋独立别墅。

　　为了对接北侧的主入口，南湖宾馆主楼采用背西面东的布局方式，主楼 3 层，采用分散式布局的形式，建筑融入周围幽静的绿化环境中，可以称之为"园林式"宾馆。主楼造型采用简约的民族形式，依然沿用卜毅建筑大师善于使用的盝顶样式，檐下有传统的浮雕和图案，外墙饰面材料质朴简单，唯有入口处高达 3 层的巨柱式门廊体现着这座建筑的与众不

图 1　吉林南湖宾馆主楼（2021 年　摄）

同，吉林省南湖宾馆主楼也号称中华人民共和国成立初期长春"十大建筑"之一。

进入 21 世纪后，吉林省南湖宾馆对主楼进行了室内外的重新装饰和升级改造，将外饰面材料更换为石材，材料色彩与质感都发生了较大改变，但建筑整体关系基本保持原状。

图 3　门廊立柱局部做法（2020 年　摄）

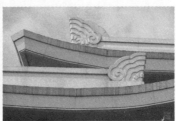

图 4　檐口局部做法（2020 年　摄）

图 2　门廊两侧的灯具（2020 年　摄）　　图 5　附属建筑入口（2020 年　摄）

32 吉林省图书馆旧址

建筑地址：长春市朝阳区新民大街 1162 号
保护等级：省级文保单位
建筑设计：城市建设部长春民用建筑设计院
建筑规模：6983m²
结构形式：钢混框架结构
设计时间：1957 年底
建成时间：1958 年 11 月 11 日

　　吉林省图书馆旧址位于新民大街的南端，临近伪满八大部，由当时的城市建设部长春民用建筑设计院主持设计，普通人往往将其与周边伪满时期建设的建筑混为一谈，难以分清它们都是什么时期建设的。

　　中华人民共和国成立初期，在国家统一要求下，吉林省廾始筹建图书馆。1957 年夏天决定选址新民大街，这一时期国内建筑风格正值民族形式盛行，吉林省图书馆最终被设计为中国古代宫廷式的建筑风格，以便与之前建成的伪满时期的建筑相抗衡。

　　吉林省图书馆由当时的长春民用建筑设计院卜毅建筑师主持设计，建筑外墙选用米黄色和棕色面砖，局部墙面采用剁斧石，窗下墙采用剁斧石工艺仿制须弥座的做法，既厚重又简朴，靛蓝色琉璃瓦屋顶、檐口。从施

图 1　1950 年代末的新民大街，右侧为吉林省图书馆

工图上能够看得很清楚，中间的主体建筑最初是采用重檐四角攒尖顶，比例优美，造型挺拔，后来由于造价等原因，取消了重檐改成单檐的形式，破坏了原设计应有的比例尺度，不能不说是一件憾事。

吉林省图书馆包括门厅、阅览室、研究室和办公室等部分，呈"T"字形布局。1980年代在原有书库的东侧又扩建了一座书库，以增加藏书量。建筑入口处设有两层的门廊，建筑整体比例协调，造型优美，建造精良，不亚于伪满时期建造的建筑，号称中华人民共和国成立初期长春"十大建筑"之一。

2010年在长春市人民政府北侧新建了一座面积超过5万 m² 的新图书馆，2014年9月新馆正式开放。随着吉林省图书馆迁入新址，原址建筑经过修缮后作为吉林省文化和旅游厅的办公楼。

图2　吉林省图书馆旧址（2020年　摄）（右）
图3　门廊檐口做法（2020年　摄）（左上）
图4　门廊局部做法（2020年　摄）（左中）
图5　门廊两侧的浮雕图案（2020年　摄）（左下）

33   中科院长春应用化学研究所实验主楼

建筑地址：长春市朝阳区人民大街 5625 号
保护等级：省级文保单位
建筑设计：中科院建筑设计研究院
建筑规模：11590m²
结构形式：钢混框架结构
设计时间：1959 年
建成时间：1963 年

长春应用化学研究所创建于 1948 年 12 月，1952 年 8 月，归属中国科学院，改称"中国科学院长春综合研究所"，是国内重要的综合性化学研究机构。

长春应用化学研究所主楼建筑设计之时正好是中华人民共和国成立 10 周年之际，北京"十大建筑"的影响力正在波及全国，民族形式在当时盛行一时。建筑主体依然采用左右五段式、上下三段式的古典构图方法。该建筑由中科院建筑设计研究院进行方案设计，据介绍该设计来源于中科院北京物理研究所的施工图纸，由吉林省建筑设计院徐淑敏、马国栋负责建筑施工图设计，并将原来的现代建筑风格改为民族形式。

建筑屋顶檐口和门廊上部均采用绿色琉璃瓦檐口，中部有出挑的带有汉白玉栏杆的阳台，中间塔楼采用四角攒尖顶，建筑外墙面采用米黄色面砖，建筑造型舒展大气，比例和谐成熟，是中华人民共和国成立初期长春的"十大建筑"之一。

图 1   长春应用化学研究所实验主楼正面（2020 年   摄）

图 2　长春应用化学研究所实验主楼（2020 年　摄）

图 3　入口大门及值班室（2020 年　摄）

图 4　实验主楼屋顶局部
（2020 年　摄）

图 5　实验主楼檐口局部
（2020 年　摄）

图 6　实验主楼门廊局部
（2020 年　摄）

34 吉林农业大学主楼

建筑地址：长春市南关区新城大街 2888 号
保护等级：省级文保单位
建筑设计：陈靖远，闫振民
建筑规模：17400m²
结构形式：钢混框架结构
设计时间：1958 年
建成时间：1960 年

吉林农业大学的前身是 1948 年在黑龙江省创建的农业干部学校，1956 年更名为"北安农学院"，1958 年，北安农学院、长春畜牧兽医大学、长春农学院筹备处合并成立长春农学院，1959 年，学校更名为"吉林农业大学"。

吉林农业大学主楼位于新城大街东侧，是学校最早建设的办公、教学用房。场地西低东高，建筑平面为"U"字形对称式布局，面对西侧校门

图 1 吉林农业大学主楼西侧（2020 年 摄）

呈环抱状，建筑中间塔楼为6层，屋顶为重檐四角攒尖顶，两侧建筑只有3层，采用平屋顶形式，两翼建有4层的塔楼，塔楼屋顶为单檐四角攒尖顶，两端为2层和3层平屋顶建筑。

建筑西侧正对学校大门方向设计为主入口，直入2层的大台阶显得有些陡峻，车道只能上到半层，主要是考虑建筑造型的需要。通常这一时期的建筑主要考虑正立面的处理，吉林农业大学主楼建筑东侧面对校园内院，设计手法同西立面有所不同，建筑中间设有4层汉白玉栏杆的阳台，空间层次和光影变化更为丰富。

吉林农业大学主楼采用当时盛行的民族风格样式，建筑立面简洁，体量舒展有余，如果两侧为4层，比例尺度关系会更好一些，建筑外墙贴米黄色面砖，屋顶铺设绿色琉璃瓦，是中华人民共和国成立初期长春的"十大建筑"之一。

图2　吉林农业大学主楼东侧（2020年　摄）

图 3 主楼内冀附楼（2020 年 摄）

图 4 主楼重檐屋顶（2020 年 摄）

图 5 主楼屋顶局部做法（2020 年 摄）

图 6 主楼细部做法（2020 年 摄）

35 福顺厚火磨旧址

建筑地址：长春市宽城区长白路 1813 号
保护等级：省级文保单位
建筑规模：1600m²
结构形式：砖混结构 + 木屋架
建成时间：1919 年

福顺厚火磨旧址位于今黑水路与长白路交会处，长春市第十七中学西侧。据史料记载：1919 年 9 月，中国商人曲子源以 40 万银元接兑了原双和机械厂后成立了福顺厚制粉厂，生产"和合二仙"牌面粉，日产面粉 2400 袋。后来由于面粉加工业不景气，于 1929 年 12 月将工厂兑给北面的天兴福，1945 年后，工厂机械设备丢失，厂房改作民宅。

福顺厚火磨旧址现为 4 层砖混结构，西南面还存留有一座多层厂房、一个锅炉房和烟囱，除机械设备外，原有工厂的建筑部分保存完好。建筑一层层高为 4.5m，建筑入口位于西侧山墙处。福顺厚火磨旧址南侧女儿墙外面至今还遗留有"亚洲福顺厚长春制面粉厂"的字迹，东侧屋顶山墙上也有"福顺厚"的字样。

近代面粉加工业在长春近代工业发展中占有重要地位，福顺厚火磨旧址具有较强的时代性，也是长春现存三座近代制粉工业建筑中保存最为完好的一个，是长春近代制粉工业的标志和代表。

图 1　1930 年代的福顺厚火磨

图 2　福顺厚火磨旧址东侧（2006 年　摄）

图 3 福顺厚火磨旧址现状（2021 年 摄）

图 4 福顺厚火磨旧址西侧（2011 年 摄）

图 5 福顺厚火磨旧址局部（2006 年 摄）

图 6 南侧女儿墙局部（2021 年 摄）

图 7 建筑局部（2021 年 摄）

36 天兴福火磨旧址

建筑地址：长春市东八条 2 号库房区内
保护等级：省级文保单位
建筑规模：1200m²
结构形式：砖混结构 + 木屋架
建成时间：1918 年

天兴福火磨旧址位于黑水路与东八条交会处，为 4 层砖混结构建筑，附属建筑为一座烟囱、一个仓库和生产车间。据史料记载：1917 年，中国商人邵氏家族的邵乾一、邵慎亭兄弟看到此时制粉业大有发展前途，为了在长春兴建"天兴福制粉厂"，特意前往上海向各洋行寻购制粉机器。

1918 年，邵氏兄弟在头道沟开办天兴福制粉公司，主要设备是上海美商恒丰公司的美国脑达克厂生产的制粉机 7 部，锅炉 1 台，日产"天官牌"面粉 3000 袋，分绿天官、红天官、蓝天官和黑天官 4 种。

图 1 天兴福火磨旧址（2006 年 摄）

1920 年，邵乾一开始把资本投向"北满"，在哈尔滨香坊建成天兴福第二制粉厂并于 1921 年 4 月投产，1922 年在辽宁开原开办了天兴福第三制粉厂，1923 年在海参崴开办了天兴东制粉厂。

天兴福火磨旧址主厂房建筑总面宽为 25m，进深为 12.66m，一层层高为 3.63m，出入口位于该建筑东侧山墙中间位置，该建筑应该是长春现存历史最悠久的火磨工厂。

图 2　天兴福火磨旧址南侧（2021 年　摄）

图 3　东侧局部（2021 年　摄）

图 4　南侧建筑局部（2021 年　摄）

37 长春邮便局旧址

建筑地址：长春市人民大街 510 号
保护等级：市级文保单位
建筑设计：松室重光
建筑规模：地上两层
结构形式：砖混结构＋木屋架
建成时间：1907 年 11 月

长春邮便局旧址位于人民大街与珠江路交会路口的东南角，耗资 7.5
万日元，由关东都督府民政部土木课松室重光主持设计，是当时"满铁长
春附属地"内最早建成的一批建筑，与对面同样是由松室重光主持设计的
"警察署"旧址一起成为该区域的地标式建筑，是"满铁长春附属地"欧
式风格建筑的代表，也是目前长春市保留最为完好的近代邮政建筑，从建
成开始 100 多年来一直沿用至今，是有明确时间记载的长春现存最早的西
式风格建筑。

长春邮便局旧址建筑主入口两侧双排巨柱式显露出古典主义风格的
韵味，旧址建筑地上两层，局部建有一层地下室，地下室设有高窗，可

图 1　1920 年代末长春邮便局

以直接采光。建筑为青砖墙体，砖混结构，坡屋顶，中间四边形的穹顶造型独特。

　　该建筑建成后经过多次改建和扩建，近代时期为了扩大使用面积增加了东南两翼的长度，1998 年和 2008 年的两次维修改造规模最大，由于缺乏正确的复原修缮设计理念和科学的技术与方法，导致建筑本体大量历史信息丧失，对原有建筑形式的损害巨大。2018 年对建筑外墙面进行了复原修缮，对前期修缮中出现的部分错误进行了纠正，并恢复了建筑原有的色彩。

图 2　长春邮便局旧址（2007 年　摄）　　　图 3　长春邮便局旧址局部（2020 年　摄）

图 4　修复后的长春邮便局旧址（2020 年　摄）

38 长春大和旅馆旧址

建筑地址：长春市宽城区人民大街 80 号
保护等级：市级文保单位
建筑设计："满铁工务课建筑系"
建筑规模：1360m²
施工单位：沢井组
结构形式：砖木结构
动工时间：1907 年 8 月
建成时间：1909 年底

长春大和旅馆旧址（现吉林省春谊宾馆迎宾楼）位于站前广场对面，从长春火车站南侧一出来就能够看到这座建筑。长春大和旅馆旧址模仿新艺术运动的建筑样式，是长春有史以来第一次呼应世界建筑思潮的设计作品，它见证了许多长春近代历史上的重要历史事件。

据史料记载：东北近代时期的大和旅馆为 1905—1945 年间，日本占据东北期间开办的由"满铁"直接经营管理的高档连锁旅馆，先后在旅顺、大连、长春、沈阳、哈尔滨等地开办了多家大和旅馆及其分店，其

图 1　1930 年代的长春大和旅馆

中长春大和旅馆的建造时间最早。

　　长春大和旅馆旧址是长春历史上第一家高级旅馆，分为北侧的老楼和南侧的新楼两部分。老楼于 1910 年初正式投入使用，建筑地上两层，建有完整的一层地下室，青砖墙体，砖木结构，耗资 38 万日元，是长春最早使用暖气供暖，并有冲水厕所等设施的旅馆建筑。该建筑也是当时"满铁长春附属地"内每平方米造价最高的建筑，"满铁工务课建筑系"主持设计。

　　长春大和旅馆旧址造型充满曲线变化，外墙饰面通过"甩浆"形成粗糙的质感，光影变化明显，同周边模仿欧洲传统建筑风格的建筑形成鲜明对比，成为长春站前重要的标志性建筑。

　　该建筑经历过多次改扩建，包括入口雨篷、台阶，其中 2004 年进行的改造规模最大，为了消除消防安全隐患，拆除了原有建筑内部的木结构及木制装饰部分，2010 年复原修缮时基本恢复了原有的外部造型与色彩和质感。

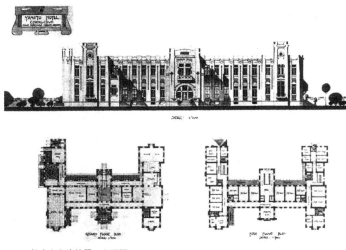

图 2　长春大和旅馆平、立面图

图 3　长春大和旅馆旧址（2011 年　摄）

图 4　长春大和旅馆旧址修复效果图

图 5　修复后的大和旅馆旧址（2020 年　摄）

图 6　长春大和旅馆南侧局部（2020 年　摄）

39 俄国驻长春领事馆旧址

建筑地址：长春市南关区长通路 12~16 号
保护等级：市级文保单位
建筑规模：1510m²
建筑施工：高冈又一郎
结构形式：砖混＋工字钢砖拱＋木屋架
建成时间：1914 年

俄国驻长春领事馆旧址位于长通路北侧，是长春开埠后比较早建立的外国领事馆，该建筑建成于 1914 年，由日本人高冈又一郎主持建筑施工。1920 年 9 月，俄国驻长春领事馆停止使馆功能之后，曾经被其他多个部门占用，伪满时期曾经做过最高法院，长春解放后，这里被改造成为长春市橡胶八厂的职工宿舍，最多时居住着几十户人家。

建筑因为年久失修，曾经多次失火，两座圆锥形铁皮尖顶已经完全损毁，建筑外部水泥砂浆抹面及线脚破损严重，内部格局已经被改造的面目

图 1　俄国驻长春领事馆旧址（2010 年　摄）

图 2　1920 年代初的历史照片

图 3　地面砖和扶手被保留下来
（2012 年　摄）

图 4　修缮过程中（2011 年　摄）

全非，2010年政府投资开始进行修复，历时两年于2011年修缮竣工。

  俄国驻长春领事馆旧址地上2层，并建有半地下室。作为长春为数不多的百年建筑，也是目前长春唯一存留下来的使馆建筑，俄国驻长春领事馆旧址具有特殊的技术、历史与文化价值，该建筑主体为砖混结构，楼梯、走廊和局部房间为工字钢梁与砖拱结合的楼板形式，其他部位为木制楼板，独特的结构做法在长春近代建筑中独树一帜，真可谓一座老房子，半部长春近代建筑史。

图5 修复后的俄国驻长春领事馆旧址（2017年　摄）

40 横滨正金银行长春支店旧址

建筑地址：长春市宽城区胜利大街 572 号
保护等级：市级文保单位
建筑设计：中村与资平
建筑施工：高冈又一郎
施工监理：久留弘文、宗像圭一
建筑规模：1638m²
结构形式：砖混结构，屋架为钢桁架
动工时间：1921 年
建成时间：1922 年

横滨正金银行长春支店旧址位于东二条街与胜利大街交会处，分为主楼与附属建筑两部分，从 20 世纪 60 年代末开始就一直作为长春杂技团的排练厅使用，后来曾经改为海鲜餐厅，甚至还被改为洗浴中心。

主楼建筑为地下 1 层，地上 2 层，建筑主体为混合结构，内部有两层高的大厅，大厅内 4 根圆柱直通到顶支撑到钢屋架底部，屋架采用钢桁架结构，节点采用铆接联结，屋架上面为厚度只有 12cm 的钢板网混凝土现浇屋面板。

图 1　修缮竣工（2010 年　摄）

据相关历史资料记载，1917 年，日本民间建筑师事务所——中村建筑事务所在大连设立分支机构，其设计触角开始伸向中国东北，先后设计了奉天公会堂（1919 年）、朝鲜银行奉天支店（1920 年）、朝鲜银行长春支店（1920 年）、横滨正金银行长春支店（1922 年）等建筑，长春也成为中村建筑事务所在中国东北地区设计银行建筑最多的城市。

横滨正金银行长春支店依然采用中村与资平习惯的设计手法，建筑南部主入口处使用了 4 根爱奥尼巨柱式，从肥厚的涡卷可以清晰地判断出这是一个具有希腊复兴风格的建筑。建筑西侧则采用两根爱奥尼方形壁柱做装饰，考虑到建筑东侧要与其他建筑相邻，只做了普通处理，节省了建筑造价，柱子、壁柱、台阶及门窗套均采用浅灰色花岗石。

2009 年底，长春市政府投资历时两年完成这座建筑的结构加固与复原修缮工作，基本恢复了建筑原有面貌，建筑主入口两侧原有的两个落地灯早已遗失，修复时选择了两座体量相近但样式不同的成品灯具。

图 2　横滨正金银行长春支店（东侧的派出所还没有建）

图 3　入口门套上的字迹依然清晰（2009 年　摄）　图 4　两侧的灯柱已不是原物

41 长春天主教堂及神甫楼

建筑地址：长春市南关区东四道街 106 号
保护等级：市级文保单位
动工时间：大教堂，1930 年
建成时间：大教堂，1932 年；神甫楼，1903 年
建筑结构：砖混 + 木屋架
建筑规模：4000m²

据史料记载：19 世纪末法国人沙如里受罗马教廷传信部巴黎外方教会派遣来长春传教，1895 年委托当地天主教信徒白云桥买下老城内东四道街现地址，1898 年建起了天主教堂，并任第一任本堂神甫，日伪时期梵蒂冈教廷驻伪满洲国的代表部也设在这里。

1903 年修建了天主教堂神甫楼，这座神甫楼为两层砖木结构，四坡屋顶，中间为局部外廊式，是长春第一座外廊式建筑，1912 年又在东侧建了教会益华小学。1930 年始建大教堂并于 1932 年竣工，是年 10 月 30 日正式使用，整个教堂区域占地近 10000m²，总建筑面积近 4000m²。

大教堂使用长春当地生产的花岗石和青砖磨砌而成，建筑坐南朝北，入口设在北侧，由于建筑位置处于凹地，影响了建筑高耸的感觉。教堂平面呈"拉丁十字"形，大厅长为 33m，可同时容纳 800 余人礼拜。教堂

图 1　建于 1903 年的神甫楼（2020 年　摄）

入口上方建有高达31m的尖顶钟楼，钟楼内原悬三口铜铸大钟，最重者550kg，教堂后来曾经发生火灾，钟楼被毁后重修。

大教堂外部形式均为单圆心的拱圈造型，具有典型的罗马风教堂样式与风格，一直到改革开放前大教堂都是当时老城内最高的建筑，悠扬的钟声时常回荡在长春旧城的上空。长春天主教堂和神甫楼也是长春旧城里唯一留下来的一处历史痕迹。

图2　长春天主教堂（2020年　摄）

图3　长春天主教堂局部（2020年　摄）

图4　长春天主教堂塔楼局部（2020年　摄）

42　长春护国般若寺

建筑地址：长春市南关区长春大街 377 号
保护等级：市级文保单位
建筑设计：伪满洲国"国都建设局"
施工单位：四先公司
建筑规模：2700m²
结构形式：砖木结构
动工时间：1932 年
建成时间：1933 年

长春护国般若寺建于当时"大同广场"东北侧，长春大街以北，东接清明街，整个院落为 78.9m×174m 的长条形，总占地面积约 13700m²。受当时城市规划中长春大街走向的影响，寺庙无法采用坐北朝南的布置方式，只能朝向东南方向。寺庙经多次改造，现有建筑面积 2700m²，为长春近代最大一处佛教建筑群，也是伪满时期由中国人参与设计并主持建造起来的唯一一处大型建筑群。

该寺原址在商埠地西四马路，名为"般若寺"，由于信众逐渐增加，择新址重建。1931 年底由于"国都"建设规划的实施，新建寺庙被拆除，在现址重建，重建后更名为"长春护国般若寺"。

图 1　护国般若寺山门（2021 年　摄）

图 2 护国般若寺天王殿（2021 年 摄）

图 3 大雄宝殿南面（2021 年 摄）

图 4 大雄宝殿北面（2020 年 摄）

长春护国般若寺于 1932 年开始建设，到 1933 年底，大门和围墙以及主要的 7 座建筑：山门、大雄宝殿、藏经楼和配殿都已经完工，之后又陆续建设了钟楼、鼓楼等建筑，20 世纪 40 年代初在寺庙大门对面还曾经建造了一尊观音菩萨雕像，后来被毁。

长春护国般若寺采用中国传统的佛教寺庙布局，建筑群从总体到细节都有着鲜明的北方寺庙建筑风格，主要建筑沿中轴线布置，原有围墙只有 2m 多，以后才加高至 3m。

山门采用一大两小的传统形式，但大小门楼都采用歇山式屋顶。进入山门，迎面就是天王殿，天王殿面宽 12.85m，为三开间硬山式屋顶，带有前廊，后面附加有一座卷棚小殿，因此天王殿无法形成传统的穿过式路线。原来的钟鼓楼设计在天王殿两侧，后来改在第一进院落内独立设置。

进入第二进院落，最重要的建筑就是大雄宝殿，最初的大雄宝殿为五开间，面阔 18m，建有前廊，为硬山式屋顶，有赵朴初先生题字的匾额。后来在大殿前面又增加了一座卷棚屋顶的抱厅，形成了宽敞的室内空间，后来在大殿北侧又增加了一座卷棚小殿。

第三进院落内是藏经楼，两层歇山式屋顶，前面有三开间的木柱前廊。两侧的配殿也都建有前廊，最后一进院落中建有三座墓塔和一幢石制经幢。

图 5 大雄宝殿西侧（2021 年 摄）　　图 6 钟楼（2021 年 摄）

图 7 大雄宝殿内宽阔的空间

图 8 藏经楼现状（左）
图 9 大雄宝殿屋脊做法（2020 年 摄）（右上）
图 10 最后一进院落内的墓塔和经幢（右下）

43 西广场水塔旧址

建筑地址：长春市宽城区北京大街 62 号
保护等级：市级文保单位
建筑设计："满铁地方部工事课"
建筑规模：高 30m
结构形式：钢结构
建成时间：1911 年

"满铁长春附属地"的地势为西部高、东部低，1911 年在制高点的西广场中央建造了一个高 30m 的水塔为附属地供水，西广场水塔位于当年的西斜街（后改为敷岛通，今汉口大街）与怀德街（后改为八岛通，今北京大街）交会处的西广场中央，是长春历史上的第二座水塔，也是现存长春历史最悠久的水塔。

西广场水塔整体为钢结构，构件之间采用铆接的连接形式，至今钢材表面还能够清楚地看到型钢生产厂家的名称——苏格兰拉纳克郡钢铁公司（Lanarkshire Steel Cold Scotland），水塔上部储水箱外侧为钢筋混凝土结构，顶部的通气帽同时还起到丰富造型的作用，水塔下部设有红砖砌筑的水泵房。

由于高度比较高且位于广场中心，在 7 条放射形道路上都能够看到西广场水塔的身影，因此除了供给城市用水外，它还成了当时十分显眼的地标性建筑，一直到今天，西广场水塔依然在使用。

图 1 建成初期的西广场水塔

图 2 西广场水塔是当时的地标

图 3 俯瞰西广场水塔（2008 年 摄）

图 4 修缮后的水塔（2010 年 摄）

图 5 水塔基础局部（2010 年 摄）

44 敷岛通供水塔旧址

建筑地址：长春市宽城区北京大街与松江路交会处西北角
保护等级：市级文保单位
建筑设计："满铁地方部工事课"
施工单位：东洋株式会社
建筑规模：高 38.15m
结构形式：钢筋混凝土结构
动工时间：1933 年 6 月 12 日
建成时间：1933 年 11 月 3 日

由于人口不断增加，城市供水越发紧张，继 1911 年建设西广场水塔之后，1933 年又在西广场南侧 200m 处建立供水塔，新建水塔为钢筋混凝土结构，容量为 1000m³，总高度为 38.15m，最低水位 22.20m，水槽内径 13m，造价 85650 元，因临近当年的敷岛通（今北京大街），故得名敷岛通供水塔。

该水塔造型上充分利用了混凝土的可塑性，在浇筑时作了许多竖向线条。由 8 根钢筋混凝土柱子作为支撑，蓄水池底部作台阶状的回收，既满

图 1 敷岛通供水塔及西广场水塔现状（2020 年 摄）

足了功能上的要求，又在视觉上减少了笨重的感觉，起到了画龙点睛的作用。水塔顶部也同样回收，并在柱距之间增加装饰性壁柱，起到很好的收头和装饰效果，具有典型的装饰艺术风格，该水塔现在依然在使用。

图 2　敷岛通供水塔旧址，远处为西广场水塔（2008 年　摄）

图 3　敷岛通供水塔旧址局部（2008 年　摄）

45　长春纪念公会堂旧址

建筑地址：长春市宽城区长江路 581 号
保护等级：市级文保单位
建筑设计：中山克己（改建设计）
建筑规模：1541m²
结构形式：砖混结构 + 木屋架
动工时间：1921 年 5 月
建成时间：1922 年
改建动工：1939 年 9 月
改建竣工：1940 年 6 月

　　长春纪念公会堂旧址位于当时的吉野町三丁目（今长江路）与东三条通（今东二条街）交会处，该建筑始建于 1921 年，是为了纪念日本大正天皇即位 10 周年而兴建的，故取名"纪念公会堂"（也称作长春纪念馆），在当时"满铁"沿线附属地内建设了众多的"纪念公会堂"，长春纪念公会堂就是其中之一。

　　最初的长春纪念公会堂规模不大，呈"一"字形，建筑主体地上两层，并设有一层地下室，建筑两侧局部为一层，入口处建有环形车道，四坡屋顶。

图 1　1920 年代的长春纪念公会堂

建筑造型最为突出的地方是在建筑中部有 6 根两层高的塔斯干巨柱式，其设计手法与同期建设的横滨正金银行长春支店非常相似，柱廊一层及建筑主体两侧均采用拱形门窗，建筑墙面采用石灰砂浆抹面，屋顶采用屋面瓦，屋顶建有装饰性的老虎窗，一派欧风景象，该建筑后来还曾经作为"长春商品陈列所"，经常举办一些展览。

伪满时期对该建筑进行了改造和扩建，在原有建筑的北侧，现在剧场的位置上增建了一个具有集会和观演功能的一层大厅，与纪念公会堂相连，并将其更名为"新京御大典纪念馆"。

1939 年 8 月 20 日凌晨，后增建的观演大厅因火灾而焚毁，也殃及南侧与其相连的原长春纪念公会堂主体建筑，后来受"新京市公署"委托，由日本建筑师中山克己承担"新纪念公会堂"的改造设计。

中山克己改造设计的"新纪念公会堂"是由两组建筑组成，南侧建筑基本是在原有建筑的基础上生硬改造而成的，原建筑的墙体、屋架等主体部分都被保留下来。但是对房间分隔、内部功能以及门窗大小和形式、外墙装饰材料及建筑形式都做了比较大的改动，其中改动最大的地方是将建筑主入口处的柱式改为普通方形立柱，并增加了入口门廊。将原来的欧式

图 2　即将修复完工（2009 年　摄）

图 4　屋脊及鸱吻做法（2020 年　摄）

图 3　进行外墙涂料涂刷（2010 年　摄）

坡屋顶改成带有鸱尾的传统样式，这与现代风格的门廊和新建剧场显得格格不入，甚至滑稽可笑，但这就是我们今天看到的样子。之后这里一直作为长春话剧院的办公、排练场所。

　　从 2008 年开始，历时两年长春市政府投巨资对该建筑进行了历史上规模最大的一次复原修缮。

图 5　长春纪念公会堂旧址（2020 年　摄）

46   长春纪念公会堂讲堂旧址

建筑地址：长春市宽城区长江路 581 号
保护等级：市级文保单位
建筑设计：中山克己
建筑规模：5186m²
结构形式：砖混结构 + 钢屋架
动工时间：1939 年 9 月
建成时间：1940 年 6 月

长春纪念公会堂旧址北侧的讲堂（即现在的长春人民艺术剧场）是由日本建筑师中山克己设计的全新建筑，其建筑形式完全是现代建筑风格，与前面的话剧院生硬地碰到一起，显得格格不入。

新设计的讲堂观众座席数为 1200 座，其舞台中间设有旋转式舞台，最初是靠机械进行传动，后来机械部分损坏，只能靠人力来推动。新设计的讲堂部分已具备比较完整和先进的舞台演出及电影放映等观演功能，舞台部分以及面光和耳光照明等设施设备都很完善，只是入口门厅及观众休息厅及垂直交通空间比较窄小。

在讲堂的设计上，中山克己使用了一些新材料和新设备，例如在建筑外部、舞台两侧等地方大面积地使用了玻璃空心砖，原有建筑还安装有大型空调送风设备，讲堂建成之后成为当时比较先进的具有话剧、电影、餐饮等功能的高档娱乐场所。

图 1   长春纪念公会堂讲堂历史照片   图 2   修复前的讲堂入口（2008 年   摄）

图 3　修复后的讲堂主入口（2020 年　摄）

图 4　修复后的讲堂舞台台口（2010 年　摄）

1946 年 1 月 22 日，宋美龄在蒋经国的陪同下飞抵长春，曾经在此发表演讲慰问苏联红军。1953 年改称"长春市东北电影院"，20 世纪六七十年代曾经对讲堂部分进行过升级改造，加高了舞台上空和观众厅的高度，90 年代后，随着话剧和电影的衰落，艺术剧场开始走向衰败，剧场内部与外部都经过了大规模的改造，自然和人为的损坏比较严重，一部分改为库房对外出租，一部分则改为歌舞餐厅，已经完全丧失了原有的观演功能。

从 2008 年开始，历时两年长春市政府投巨资对该建筑进行了历史上规模最大的一次复原修缮，设计目标一是要恢复初期的建筑形象，二是要满足现代的观演要求，三是要保证使用安全。

47　亚洲兴业制粉工厂旧址

建筑地址：长春市凯旋路 2155 号，中车轨道车辆有限公司院内
保护等级：市级文保单位
建筑规模：地上 4 层
结构形式：砖混结构 + 木屋架
建成时间：1920 年代初

　　亚洲兴业制粉工厂旧址位于当年中东铁路宽城子站区的西侧，靠近原来的铁路线。早期俄国商人苏伯金经营亚乔辛火磨时，工厂规模比较小，产品主要供应中东铁路附属地内的俄国驻军，一小部分作为商品出售给俄国侨民和当地人。

　　之前人们一直认为现存的这座建筑就是当初的亚乔辛火磨旧址，经考证，随着岁月的流逝，亚乔辛火磨建筑遗迹已经不存在了。据史料记载：1914 年 9 月，由于第一次世界大战爆发，苏伯金将经营了十多年的亚乔辛火磨转让给当地人王荆山经营，1915 年王荆山在"满铁长春附属

图 1　亚洲兴业制粉厂旧址现状（2019 年　摄）

图2 亚洲兴业制粉厂旧址（2006年 摄）　　图3 建筑局部（2019年 摄）

地"购地并建成全新工厂——裕昌源制粉厂，原来的亚乔辛火磨继续运营，并于1921年更名为"亚洲兴业面粉股份有限公司"，即"亚洲兴业制粉工厂"。

在长春现存的三座火磨工业遗址中，亚洲兴业制粉工厂规模最大、建造质量最好，建筑装饰及造型也最丰富，只可惜2007年该建筑的使用单位曾计划将其拆除，后因规划和文物部门紧急干预，保住了余下的半栋建筑，这座建筑就是亚洲兴业制粉工厂旧址，后来作为长春机车厂（现中车轨道车辆有限公司）的库房，期间对建筑内部进行了结构加固。

该建筑地上4层，地下1层，建筑外墙外侧为红砖砌筑，内墙及外墙内侧使用青砖，女儿墙处的装饰墙体部分已经倒塌，因建筑外墙看起来为红色，人们俗称其为"大红楼"。

48 长春电话局旧址

建筑地址：长春市宽城区胜利大街 831 号
保护等级：市级文保单位
建筑设计：关东厅内务局土木课
施工单位：奉天（沈阳）吉川组
建筑规模：2320m²
结构形式：砖混结构
动工时间：1929 年 10 月 24 日
建成时间：1930 年 11 月 26 日

　　长春电话局旧址位于南广场的南部，西南临近朝鲜银行长春支店旧址（已经拆除），该建筑没有按着传统广场建筑做成对称的样式，而是设计成高低错落的自由造型，形式特殊，充满现代感。

　　建筑面积为 2320m²，1~3 层各为 750m²，设有机房、蓄电池室、变压器动力室、监控室等房间，二楼机房还设有直接与外部连通的运输重型设备设施的桥架，面积最大的地方是 3 层的"自动交换室"，为局部内框架结构。4、5 层塔楼部分都是会议室，3 个拱形窗造型诡异，而且都集中在一个会议室内。建筑室内设有消火栓，并有煤气引入。

图 1　1930 年代的朝鲜银行和长春电话局

长春电话局旧址采用砖墙承重，局部设有内框架，钢筋混凝土楼板。建筑外墙为米黄色面砖，局部塔楼总高达 22m，当年是南广场上建筑规模最大、建筑高度最高的建筑。

图 2　长春电话局旧址（2011 年　摄）

图 3　长春电话局旧址室内楼梯
（2010 年　摄）

图 4　长春电话局旧址塔楼（2011 年　摄）

49 "满洲炭矿株式会社"旧址

建筑地址：长春市朝阳区解放大路 2519 号，吉林大学理化楼东侧
保护等级：市级文保单位
建筑设计："满炭本社"工事课原正五郎
施工单位：高冈组
建筑规模：12767m²
结构形式：钢混框架结构
动工时间：1938 年 6 月 29 日
建成时间：1939 年 12 月 22 日

"满洲炭矿株式会社"旧址位于当时兴仁大路（今解放大路）北，红卍字会西侧，背靠牡丹公园及神武殿，建筑平面呈"T"字形，钢筋混凝土框架结构，地下 1 层，地上 4 层，局部 5 层，建筑主体高度为 19.75m，内部设有一部电梯。北侧附属建筑为两层，高 11m，二层食堂兼讲堂为大空间，采用斜向的框架柱和拱形梁，采暖工程由三技工业株式会社施工，电气工程由株式会社弘电社施工，建筑工程总造价 180 万元。

建筑设计将框架柱外露，形成垂直的竖向线条，虽为框架结构，但开窗比较小，整个建筑造型简洁，已没有任何传统建筑的痕迹，代表着同时期普通办公建筑的形式特征。

图 1　初竣工的"满洲炭矿株式会社"

建筑门廊上设有采光玻璃天窗，两侧的车道采用"手摆石"路面，近代时期长春大部分道路都采用这种做法，现在这里是唯一一处"手摆石"路面了。建筑外墙贴浅黄色面砖，室内门厅墙壁贴有横向条纹并有较大孔隙的页岩石板，门厅地面大理石拼花图案非常复杂，不同色彩的大理石与水磨石结合在一起，至今完整如新。2018年对该建筑进行复原修缮，更换了外墙面砖。

图2　"满洲炭矿株式会社"旧址（2020年　摄）

图3　"满洲炭矿株式会社"旧址（1996年　摄）

图4　门厅地面的拼花（2018年　摄）

50 丰乐剧场旧址

建筑地址：长春市朝阳区重庆路与文化街路口的东北角
保护等级：市级文保单位
建筑设计：三共建筑事务所
建筑规模：3800m²
结构形式：钢混框架结构
动工时间：1933 年 11 月
建成时间：1935 年 10 月

丰乐剧场（又叫"丰乐座"）旧址位于当时繁华的商业街丰乐路（今重庆路）与明伦街（今呼伦街）路口的东北角，因丰乐路而得名。丰乐剧场旧址是当时长春最豪华的剧场，观众厅内两侧及楼座的前排都设有包厢，全部座椅均为牛皮软包，整个建筑无论室内还是室外空间都充满了柔美的曲线，仿佛是一架能够演奏的庞大乐器。室内外空间流畅，南侧休息厅的彩色玻璃窗绚丽多彩。虽然门厅空间显得有些局促，但已基本具备现代观演建筑的功能要求。

图 1　丰乐剧场历史照片（房友良提供）

丰乐剧场观众厅内共有固定座椅 1124 个，其中楼座 392 个，池座 732 个。剧场可以演出舞台剧，也可以放映电影，建筑耗资 35 万元，当时装备有最新式的辛普莱克斯牌电影放映机。长春解放后丰乐剧场更名为"春城剧场"，目前已经改造为其他使用功能。

图 2　丰乐剧场旧址现状（2020 年　摄）

图 3　丰乐剧场旧址现状（2020 年　摄）

51 藤坂写真馆旧址

建筑地址：长春市宽城区黄河路 261 号
保护等级：市级文保单位
建筑设计：阿川工程局
建筑规模：地上两层
结构形式：砖混结构 + 木屋架
动工时间：1921 年 4 月
建成时间：1921 年 9 月

　　藤坂写真馆旧址位于胜利大街与黄河路交会路口的西侧，该建筑于1921 年建成并投入使用，是由日本人藤坂一夫开设的一家照相馆，是 20世纪 20 年代"满铁长春附属地"城市更新的代表。到了伪满时期，藤坂写真馆已经成为专为伪满皇宫和伪政府办公机关进行专业摄影的高档照相馆。

　　藤坂写真馆旧址建筑主体为地上两层，并设有一层局部地下室，建筑主体为砖木结构，木楼板木制外廊，木屋架铁皮屋面。建筑平面布局呈锐角形，二层内侧设置室外木制悬挑外廊及砖混结构的室外楼梯，建筑外墙贴深红色面砖，白色水刷石线脚及女儿墙饰面。

　　从当年的历史照片中可以清晰地看到该建筑是当时"日本桥通"（今胜利大街）上的标志性建筑，入口上方墙两侧原有两尊白色大理石裸体女人雕像，"破四旧"时被砸毁了，2010 年复原修缮时对两尊雕像进行了恢复。

图 1　1930 年代的藤坂写真馆鸟瞰

图 2　1930 年代初的藤坂写真馆

图 3　修复后的藤板写真馆旧址（2020 年　摄）

图 4　藤板写真馆旧址（2011 年　摄）

图 5　女人体雕塑样稿

图 6　在木屋架上发现的木牌

52　伪满大陆科学院旧址

建筑地址：中国科学院长春应用化学研究所院内东南角
保护等级：市级文保单位
建筑规模：6716m²
结构形式：钢混框架结构
动工时间：1935 年
建成时间：1937 年

　　伪满大陆科学院旧址位于现中国科学院长春应用化学研究所院内的东南角，现为应化所本馆楼。据史料记载，该建筑始建于 1935 年，1937 年竣工并交付使用，建筑地上 3 层，设有 1 层地下室，局部有 5 层高的塔楼。从 1935 年开始，大陆科学院陆续修建了 10 余栋建筑，共计 15460m²，工程造价 86.4 万元。1948 年 12 月，长春解放不久，长春应化所便在伪满大陆科学院的废墟上建立起来。为了适应新的使用功能的需要，2008 年，对该建筑进行了结构加固和整体修缮，基本保持着原有建筑的风貌。

图 1　伪满时期的大陆科学院

伪满大陆科学院旧址建筑外墙的为牙白色面砖，其中有许多转角和异型面砖，建筑女儿墙的压顶、雨水斗、挑檐局部，以及采光井挡土墙压顶等处均采用剁斧石预制饰面板，制作精良，难以复制。该建筑门廊部分外贴剁斧石预制水泥板，建筑入口门廊上方的预制装饰构件制作精美，被完整地保留下来。

图 2　伪满大陆科学院旧址（2020 年　摄）

图 3　预制混凝土装饰构件（2020 年　摄）

53 "南满电气会社"长春支店旧址

建筑地址：长春市宽城区胜利大街 606 号
保护等级：市级文保单位
建筑设计：小野木·横井共同建筑事务所设计
施工单位：阿川工程局
建筑规模：1279m²
结构形式：砖混结构
动工时间：1927 年 6 月
建成时间：1928 年 6 月

"南满电气会社"长春支店旧址位于胜利大街与长江路交会路口的北侧，由当时著名的小野木·横井共同建筑事务所设计，工程造价为 70677 元，该建筑主体为地上 2 层，设有局部地下室，砖混结构，平屋顶，为了临街的立面效果，采用单坡有组织排水，所有雨水管都设在建筑背面。

据资料记载，日本建筑师横井谦介（1880—1942）于 1905 年毕业于东京帝国大学建筑学科，曾经加入"满铁"，1920 年退出"满铁"在大连成立横井建筑事务所，1923 年与小野木孝治、市田（青木）菊治郎成立了小野木·市田·横井共同建筑事务所，组成了当时东北地区专业能力最强的建筑事务所，以大连为中心，设计了大量的建筑作品，小野木孝治曾经长时间掌控"满铁"土木课，这栋建筑可能是他在长春的唯一作品。

图 1 "南满电气会社"长春支店历史照片

图 2 初竣工的"南满电气会社"长春支店

图 3 "南满电气会社"长春支店现状（2011 年 摄）

图 4 局部外墙饰面做法（2008 年 摄）

图 5 局部线脚做法（2011 年 摄）

"南满电气会社"长春支店旧址为小野木·横井共同建筑事务所重要的代表性作品，其独特的建筑形式与外墙面砖的色彩与质感都使其成为当年"满铁长春附属地"内的标志性建筑。2010 年该建筑经过复原修缮，基本恢复其原有的面貌。

图 6 局部面砖铺贴做法（2011 年 摄）

54 宝山洋行旧址

建筑地址：长春市南关区新发路 1 号
保护等级：市级文保单位
建筑设计：山田工务所
施工单位：山田工务所
建筑规模：6000m²
结构形式：钢混框架结构
动工时间：1936 年
建成时间：1938 年

宝山洋行旧址建于当时新发路与八岛通（今北京大街）交会路口西侧，一个呈锐角的地段内，1932 年日本人在这里开设宝山火柴厂，后来在原址投资建设了百货商店，1938 年建成营业。

宝山洋行旧址在转角处设置塔楼，强调竖向线条的装饰，具有典型的装饰艺术风格，整个建筑造型和细部同当时由佐藤功一建筑事务所设计，1934 年 9 月建成的东京共同建筑株式会社大楼相近。

图 1　1930 年代的宝山洋行曾经鹤立鸡群

图 2　屋顶平台上的旋转楼梯

宝山洋行旧址地下 1 层，地上 4 层，局部 7 层，是当时长春建筑层数量多的建筑之一，顶层还设有屋顶花园和旋转楼梯，下面为餐厅和百货商店，是当年的时尚之所。

　　宝山洋行旧址一层外墙面为青灰色花岗石贴面，上部为灰白色面砖，其独特的形式使其成为该地标志性建筑，这里曾经长期作为长春市第二百货商店使用。2018 年随着北京大街西地块历史文化街区一起被复原修缮，基本恢复了原有建筑的面貌。

图 3　宝山洋行旧址现状（2020 年　摄）

55 "新京国防会馆"旧址

建筑地址：长春市朝阳区人民大街 1199 号
保护等级：市级文保单位
建筑设计：关东军经理部工务科
施工单位：松本组
建筑规模：地上 3 层
结构形式：砖混结构
动工时间：1937 年
建成时间：1938 年 11 月

　　"新京国防会馆"旧址位于当时"大同大街"（今人民大街）西侧，儿玉公园（今胜利公园）的东南角，南侧紧邻关东军司令部旧址，又名"防空会馆"或"国防妇人会"，实际上是关东军直属宪兵中队（关东军司令部卫队）的驻地，为关东军军队服务，但在当时这里是可以供游人开放参观的观光性质的建筑，在当时的多种旅游观光路线中都有这座建筑。

图 1　1930 年代的"新京国防会馆"

图 2 "新京国防会馆"旧址现状（2020 年 摄）

"新京国防会馆"旧址建筑主体为砖混结构，地上 3 层，西侧局部为 2 层，在地下室还设有防护室，建筑体型高低错落，最西侧为大空间的食堂兼娱乐室，整个工程造价 21 万元。

"新京国防会馆"旧址经历过多次改扩建，曾经作为旅馆和酒店，近些年对外墙饰面材料进行了更换，同时将建筑原有的开窗形式和尺寸都进行了调整改造，特别是入口雨棚的形式变化较大，已经很难看出原有建筑的面貌。

图 3 改造后的面砖和开窗
（2020 年 摄）

56 鸽子楼

建筑地址：长春市朝阳区建设街 2199 号
保护等级：市级文保单位
建筑设计：东北工学院刘鸿典
建筑规模：主体 3 层
结构形式：钢混框架结构
动工时间：1951 年
建成时间：1952 年

人们常常使用通俗的语言来描述那些形式特殊的建筑，"鸽子楼"就是长春历史上最耳熟能详的对一座建筑的俗称，其实它和鸽子一点关系都没有。

1950 年抗美援朝战争爆发后，东北工学院部分院系北迁长春建立长春分院，"鸽子楼"就是在这一时期建设的东北工学院长春分院教学楼。后来全国院系调整时，以东北地质专科学校为基础，将东北工学院长春分院地质系等院系合并组成东北地质学院，即后来的长春地质学院。1953年 7 月，东北地质学院首届毕业生合影照片就是在"鸽子楼"门前拍摄的。而到了 1954 年 6 月 1 日，东北地质学院毕业生的合影就被安排在了刚刚竣工的地质宫门前。

"鸽子楼"是由时任东北工学院建筑系教授的刘鸿典主持建筑设计，刘鸿典 1932 年毕业于梁思成创立的东北大学建筑系，毕业后到上海做执业建筑师，中华人民共和国成立后回到故乡，任教于东北工学院建筑系。"鸽子楼"采用现代设计手法，使用自由的空间组合方式，平面布局采用错位的形式，营造出现代主义建筑的氛围，是中华人民共和国成立初期难得的现代主义建筑的范例。

最为特殊的是为了节省建筑投资，建筑饰面材料没有采用长春当地常用的面砖，而是使用水泥砂浆甩浆的工艺做法，并在表面做不规则的图案处理，实际上就是工匠用"抹子"在施工完的墙面上随意抹出来的，点状的抹面图案与深色的甩浆墙面形成强烈的质感反差和色彩对比，由于抹面图案呈现不规则的形状，远远看上去像是"鸽子"，故被人们俗称为"鸽子楼"。然而当年工匠的随手涂抹也为今天的维修带来了难题，据说外墙面平均每平方米有 9 支"鸽子"，整栋楼表面有近 10 万只"鸽子"，而且姿态各不一样。

原有建筑主体为 3 层，局部为 4 层和 2 层，后来整体接建了 1 层，西侧的两层阶梯教室原本层高就高，再加上是坡屋顶，因此没有接层。鸽子楼虽然经过多次维修和改造，但是基本保持了原有风貌。

图 1　1950 年代的鸽子楼

图 3　入口门廊（2020 年　摄）

图 2　接层改造后的鸽子楼（2020 年　摄）

图 4　局部墙面　　　　　图 5　墙面细部做法

57 "满铁长春图书馆"旧址

建筑地址：长春市宽城区人民大街650号
保护等级：市级文保单位
建筑设计："满铁工事课"
施工单位：荒井组
建筑规模：407m²
结构形式：砖混结构
建成时间：1931年10月12日

"满铁长春图书馆"旧址位于"中央通"（今人民大街）东侧，建筑面积只有407m²，地上一层，并设一层局部地下室。图书馆内只有一个阅览大厅，分为一般阅览室和儿童阅览室，同在一个室内空间内，另外还设有一间独立的馆员室，地下室设有卫生间、库房和锅炉房。建筑为砖混结构，工程造价2.53万日元，由长春地方事务所工事系监理。建筑外墙使用水泥砂浆抹灰，高大的阅览室采用拱形窗，建筑造型小巧而简朴。

"满铁长春图书馆"旧址是长春历史上第一个现代图书馆，该建筑与周边建筑相比退线比较多，在门前形成一个院落，丰富了大街两侧的街路空间，但其矮小的体量与门前宽阔的大街比较显得有点小。

图1 初建成的"满铁长春图书馆"

图2 "满铁长春图书馆"旧址（1996年 摄）

图3 "满铁长春图书馆"旧址（2007年 摄）

"满铁长春图书馆"旧址因为内部空间比较高，后来曾经长期作为长春市电影发行公司的放映厅和小型表演场所，2018 年，长春市政府投资进行复原修缮并划归长春市图书馆作为分馆使用。

图 4　修复后的图书馆旧址现状（2020 年　摄）

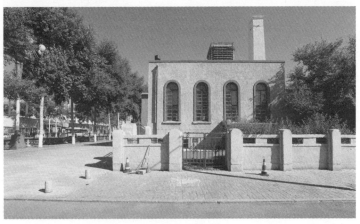

图 5　"满铁长春图书馆"旧址侧面（2020 年　摄）

58 大岛洋行旧址

建筑地址：长春市宽城区人民大街与松江路交会处
保护等级：市级文保单位
建筑规模：地上两层
结构形式：砖木结构
建成时间：1930 年代

大岛洋行旧址，这座只有两层楼的小型商业建筑位于当年最重要的街路——"中央通"（今人民大街）西侧，也是当时为数不多留下历史照片的老建筑。大岛洋行旧址外墙以米黄色小块面砖为主，加上精致的水刷石线脚和檐口造型，主入口设在转角处，局部 3 层的窗户实际开在屋顶的屋架里面，无形中扩大了建筑的体量感，成为当时"满铁长春附属地"内小型商业建筑的代表，虽然经过多次修缮和维修改造，甚至火灾的损毁，但基本保持着原有的建筑风貌。

据史料记载，日本人开设的大岛洋行是伪满时期建立的商业公司，日本挑起全面侵华战争后，大岛洋行在关内外多地都设有分支机构，主要从事木材的加工与销售业务。

这一区域的商业建筑经历过多次更新，大都是 1 层为商业，2 层为办公、库房和居住，两三层的小型商业建筑、小尺寸路网构成长春当年这一区域城市空间的特征。

图 1 1930 年代的大岛洋行

图 2 大岛洋行旧址（1996 年 摄）

图 3 大岛洋行旧址 (2008 年 摄)

图 4 大岛洋行旧址现状 (2020 年 摄)

59 "日本桥通派出所"旧址

建筑地址：长春市宽城区胜利大街 605 号
保护等级：市级文保单位
建筑设计："满铁工事课"
建筑规模：地上两层
结构形式：砖木结构
建成时间：1920 年代中期

"满铁长春附属地""日本桥通派出所"位于当年的"日本桥通"（今胜利大街）与"吉野町三町目"（今长江路）交会路口的北侧，位于横滨正金银行长春支店和"南满电气会社"长春支店之间。

该建筑规模很小，平面呈方形，主体为地上两层，木楼板、木楼梯、木屋架，两坡屋顶。与其相同样式的建筑在长春还有几处，既有在"满铁长春附属地"的，也有在伪满时期新建市区内的，其中保存比较完好的实例在黑水路南侧，该建筑虽然规模小，但其独特的建筑形式使其成为当时的地标性建筑。

原有建筑外墙为红色清水砖墙和水泥砂浆欧式造型线脚，在旅顺的一张老明信片中也看到了它熟悉的身影，通过一地多处和多地出现相同样式的建筑来判断，当时是采用"标准图"的方法来建造的，对于负责管理治安的警察派出所来说，采用这种"标准图"以增加可识别性是非常实用的方法。

图 1　"日本桥通派出所"历史照片　　　　　图 2　1996 年历史照片

图 3 "日本桥通派出所"旧址
（2010 年 摄）

图 4 旅顺老照片中的红房子

图 5 "日本桥通派出所"旧址现状（2021 年 摄）

60　长春实业银行旧址

建筑地址：长春市宽城区黄河路 556 号
保护等级：市级文保单位
建筑规模：地上两层
结构形式：砖混结构 + 木屋架
建成时间：1910 年代末

　　长春实业银行旧址位于黄河路南侧，靠近东二条街。1917 年底由日本人西村仪三郎等人发起创立了株式会社长春实业银行，注册资本金 20万元，该建筑建于银行成立初期，至今在建筑檐部依然可以辨识"株式会社长春实业银行"及其英文字迹。

　　伪满洲国建立后，株式会社长春实业银行更名为"株式会社新京银行"，该建筑为砖混结构，木屋架四坡屋顶铁皮屋面，地上两层，设有一层地下室，至今地下室的金库大门保存依然完好。

　　建筑立面采用水平三段式设计，规模很小但凸凹明显，拱券造型分列两端，深棕色釉面砖与水刷石线脚穿插在一起，建筑形式精美，水刷石浮

图 1　初建成的长春实业银行

雕造型施工品质精良，100 多年过去依然完好，是当时"满铁长春附属地"小型商业银行建筑的代表，这条街上还遗留有一些"满铁长春附属地"时期的建筑，例如路口的赤木洋行旧址和黑水路上的几处历史建筑。

图 2　长春实业银行旧址（2020 年　摄）

图 3　长春实业银行旧址局部（2010 年　摄）

图 4　西侧的赤木洋行历史照片

61　千早医院旧址

建筑地址：长春市绿园区西安大路 3559 号
保护等级：市级文保单位
建筑设计："满铁地方部工事课"
建筑规模：4093m²
结构形式：砖混结构
动工时间：1934 年
建成时间：1935 年

　　千早医院旧址位于西安大路北侧，该建筑曾经先后叫作"满铁传染病院""满铁新京共立医院""新京市立千早医院"。伪满洲国成立初期，由于城市人口增长迅速，"满铁长春附属地"内的"满铁长春病院"已经无法满足患者就诊的需要，加上时有伤寒、霍乱、鼠疫等传染性疾病的发生和流行，于是"满铁"开始筹划建立一座专门的传染病院，这就是千早医院的前身。

　　千早医院旧址始建于 1934 年，主体建筑为两层，北侧有一栋单层大空间的建筑与主体相连，应该是医院食堂与厨房，最北侧的锅炉房保存完整。

　　建筑整体为砖混结构，建筑外墙为 490mm 厚红砖墙，建筑主体平面呈"工"字形，坡屋顶，木屋架，其南侧两端均设有平屋顶的"阳光房"，可为患者提供日光浴。该建筑形式简洁，所用建筑装饰材料单一而朴实，整个建筑外墙面均采用普通水泥砂浆抹面与"扒拉灰"抹面相结合的形式，其南侧主入口与东西两侧的次要入口都设有门廊，应该是长春近代公共建筑中最小的门廊实例。建筑局部檐口外侧齿状的突起造型与顶层局部的圆拱窗都受大连"满铁医院"建筑样式的影响，千早医院旧址与奉天（沈阳）传染病医院是采用一套图纸建造的，后者已经被拆除，后来该建筑成为长春生物制品研究所职工医院的门诊部和职工宿舍。

　　千早医院旧址是长春近代医疗建筑中保存最为完好的实例，其建筑室内外基本上保持了当年的使用状况与建筑细节，门窗、卷闸隔离门、配电箱、消火栓等大都保持着原有状态。

图 1　1930 年代千早医院大门

图 2　千早医院旧址历史照片

图 3　千早医院旧址现状（2012 年　摄）

图 4　千早医院旧址"阳光房"（2012 年　摄）

图 5　千早医院旧址侧面门廊（2012 年　摄）

62 净月潭水源地取水塔旧址

建筑地址：长春市南关区净月潭森林公园内
保护等级：历史建筑
建筑设计：伪满"国都建设局"
建筑规模：一层建筑
结构形式：钢混结构
建成时间：1936 年

近代时期，饮用水问题一直都是长春市的难题，由于流经市区的伊通河含氨量比较高，达不到高标准的饮用水质量，当年的"满铁长春附属地"是以开采地下水为主。伪满洲国建立后，城市人口急速增加，经过现场勘察决定在市区东南 12km 的小台河流域修筑水源地。1934 年 5 月动工，历时两年建造了一条 555m 长的土坝，形成了一个 4.7km^2 的人工湖并命名为"净月潭"，当时净月潭水源地日供水能力为 2 万吨。在之后的几十年里，人们在水源地周围种植了大片的人工林，形成今天拥有 30 多个树种的完整森林生态体系，如今的净月潭森林氧吧已经成为长春城市的"绿肺"。

在土坝的西南角建设了取水塔，由 30 多米长的钢筋混凝土栈桥与陆地相连。取水塔为钢筋混凝土浇筑的圆形仿木建筑，屋顶为单檐圆攒

图 1 初建成的净月潭取水塔

尖顶，这也是长春近代建筑中唯一一个圆攒尖顶的建筑，其设计构思也许来源于北京天坛祈年殿。

取水塔比例协调，建成后即成为当时的标志性景观，如今与对岸山上的碧松净月塔楼相呼应，仿佛是历史与现实的对话。

图 2　双塔辉映（2020 年　摄）

图 3　净月潭取水塔（2020 年　摄）

图 4　净月潭取水细部
（2020 年　摄）

63 长春市天津路3号住宅

建筑地址：长春市宽城区天津路3号
保护等级：市级文保单位
建筑规模：主体两层
结构形式：砖木结构
建成时间：1920年代

天津路3号这栋老宅子位于南广场南侧，临近胜利大街，它深藏在巷子里，很难被看到。从建筑的样式和格局来判断，这里曾经是一座官邸，可以定义为现存"满铁长春附属地"范围内保存最为完好且最具代表性的官邸建筑，也是现存长春近代官邸建筑中质量较好、建造时间最早的实例。即使放在长春整个近代历史的大背景下，天津路3号也是长春现存的继关东军司令官邸旧址、张景惠官邸旧址之后，长春现存近代时期第三座重要

图1　天津路3号（2011年　摄）

图2　天津路3号院落入口（2011年　摄）

图3　天津路3号主楼阳台（2011年　摄）

图4　天津路3号主楼女儿墙（2011年　摄）

的官邸建筑，是长春近代早期官邸建筑的代表。

从建筑的样式和规模来判断，这座建筑大约建于 20 世纪 20 年代，主楼同其南侧的门卫室、车库形成"品"字形的布局，中间为狭窄的内院，体现出城市中心区住宅用地紧张的布局特征，主楼西北侧为厨房和卫生间，除主楼建筑为两层外，其他建筑均为一层。

主楼平面呈长方形，两层建筑，砖混结构，青砖墙体，钢筋混凝土楼板、楼梯，木屋架两坡屋顶，铁皮屋面，东西两侧为山墙封顶，南北有女儿墙，形成有组织排水，南北两侧设铁皮排水管，南北两侧墙面为水泥砂浆抹面，有大量的欧式线脚与造型，局部有特殊质感的饰面装饰，东西两侧山墙为清水砖墙到顶。

整组建筑建造质量精良，建筑立面有做工精细的门窗套，主楼南侧立面的女儿墙中间顶部有丰富的浮雕造型，一派欧风景象。建筑室内外的铁艺栏杆和大门制作精致且保存完好，从室内分隔及布局来看该建筑是为中国人设计建造的，天津路 3 号是南广场历史街区中的重要代表性建筑。

图 5　天津路 3 号楼梯栏杆局部（2011 年　摄）

64 吉林省宾馆

建筑地址：长春市南关区人民大街 2598 号
保护等级：市级文保单位
建筑设计：城市建设部长春民用建筑设计院
建筑规模：27600m²
结构形式：钢混框架结构
动工时间：1956 年
建成时间：1958 年

　　吉林省宾馆位于长春市人民广场的东侧，是长春解放后最早建设的
一批大型公共建筑之一，是集客房、餐饮和集会于一体的大型宾馆建筑，
吉林省宾馆的建设也填补了近代时期形成的城市广场空间的缺损。整个

图 1　建筑体量与广场尺度很协调（2021 年　摄）

图 2　吉林省宾馆正面（2021 年　摄）

图 3　吉林省宾馆背面（2020 年　摄）

建筑造型按照广场建筑设计，采用对称的形式，建筑体量饱满，建筑主体为 7 层，两侧为 5 层，与人民广场以及苏军烈士纪念塔之间保持着和谐的尺度关系。

　　吉林省宾馆由当时的长春民用建筑设计院卜毅主持建筑设计，建筑屋顶部分回收的檐口形成盝顶的形式，巧妙地将平屋顶与中国传统屋顶形式相结合，建筑原来是米黄色面砖，建筑上许多装饰细节和图案都具有中国传统建筑的痕迹，在后来的使用过程中，该建筑经历过多次扩建和改建，但基本保持着原有风貌，唯有东侧背面舞台外侧还保留着原有面貌，吉林省宾馆也是中华人民共和国成立初期长春的"十大建筑"之一。

图 4　吉林省宾馆（2020 年　摄）

图 5　吉林省宾馆局部（2020 年　摄）

图 6　吉林省宾馆檐口做法（2020 年　摄）

65 伪满中央银行俱乐部旧址

建筑地址：长春市新华路 458 号
保护等级：市级文保单位
建筑设计：远藤新
建筑规模：1960m²
施工单位：大林组
结构形式：砖混结构
动工时间：1934 年
建成时间：1935 年

日本近代著名建筑师远藤新 1889 年生于日本福岛县，1914 年毕业于东京帝国大学建筑学科，1917 年开始追随当时受邀在日本设计新帝国饭店的美国建筑大师赖特，1918 年曾随赖特赴美国学习，次年返回日本。1933 年，受伪满"中央银行"的邀请来到长春，负责伪满"中央银行俱乐部"及银行职员住宅的设计工作，他是当时在长春从事建筑活动的最重要和著名的日本建筑师。

伪满"中央银行"项目集中在成后路（今新华路）与兴仁大路（今西安大路）之间窄长区段内的 24 块街区内，其中包括总裁、副总裁、理事官邸，以及课长、职员宿舍、合同事务所、武道馆等建筑，第一期共完成 25 栋

图 1 初建成的伪满"中央银行俱乐部"

建筑，其中伪满"中央银行俱乐部"规模最大（位于现长春宾馆院内，工程造价 16 万元），是供银行职员休闲、娱乐、聚会的地方。

远藤新在设计时"打算以长城的一小片来建俱乐部"。也正是在这种设计思想指导下，岗地上的俱乐部被设计成细长的形式，长达 60m，宽只有 15m。这栋建筑虽然规模不大，但却是当时长春为数不多的充分考虑周围环境、地理特点，因地制宜来设计的建筑。为了充分利用岗地的地势，以表达其设计思想，远藤新在建筑的南侧设计了一条长达 70 余米的长廊，春夏之季，长廊上爬满各种植物，从这里可以俯瞰南边坡地下的网球场地和白山公园。东南侧的长廊与建筑共同围合成为一个内向型空间的庭院，利用这个空间远藤新设计了一个方形的室外游泳池。

图 2　俱乐部历史照片

图 3　1930 年代的伪满"中央银行俱乐部"

图 4　伪满中央银行旧址长廊（1996 年　摄）

在这座建筑设计中，远藤新充分体现了赖特有机建筑理论的思想精髓，并把中国传统建筑中围合空间的设计手法运用到设计中来，俱乐部的设计在当时受到非常高的评价，它对后来长春许多重要官邸建筑的布局和形式都有着深远的影响。

该建筑地上 2 层，在入口东侧地面较低处还建有玻璃花窖。1940 年代初在原有建筑西侧扩建了娱乐大厅，目前这部分室内外空间保存最为完好。建筑饰面材料采用长条面砖，让我们想起了赖特著名的草原式住宅——

图 5　俱乐部旧址后接建的大厅（2009 年　摄）

图 6　俱乐部旧址（2021 年　摄）

芝加哥罗比住宅，远藤新设计的系列项目可以理解为赖特草原式住宅的"长春版"。随着城市的发展，其他建筑都被拆除了，俱乐部也经历过多次改扩建，目前只有南侧的长廊还保存着原来的样貌。

图 7　更换面砖后的大厅（2021 年　摄）

图 8　保存完好的长廊（2021 年　摄）

66 长春市工人文化宫

建筑地址：长春市南关区人民大街 2302 号
保护等级：市级文保单位
建筑设计：长春市建筑工程学校黄金凯
施工单位：长春市建筑公司
建筑规模：17162m²
结构形式：砖混 + 钢混框架结构
动工时间：1956 年 7 月 15 日
建成时间：1958 年 1 月 1 日

长春市工人文化宫位于人民广场的东北角，同吉林省宾馆一样是长春解放后最早建设的一批大型公共建筑之一。随着两栋建筑的建成使用，近代时期形成的城市广场周边的建筑才最后完全建成，与伪满时期的建筑相比，两栋新建建筑的体量与广场的规模更相称。

中华人民共和国成立后，各地以及大型企业陆续建设了一大批文化宫，它们担负着职工群众文化宣传教育工作，成为最能够体现社会主义生活方式的建筑类型。

长春市工人文化宫设有职工文体活动室和排练厅，大型观演空间可以演出话剧和地方戏，也可以放映电影，这里可以容纳 4000 人同时活动。观众厅为 23.5m×32.5m，设有楼座，可容纳 1480 个座椅，采用钢屋架，是当时长春市最大的观演空间。

长春市工人文化宫建筑主体为 5 层，两侧为 4 层，整个工程造价 232 万元，建筑外饰面采用灰黄色水泥砂浆分格，建筑风格简约而现代，体现出新时代新气象的同时也蕴含着民族传统的元素，例如梯形门廊上方有巨大的望柱和雀替造型，是中华人民共和国成立初期长春的"十大建筑"之一。从最初的设计方案效果图上可以清晰地看到，在中间主体部分挑檐上有城墙垛口的造型，显然是受到广场西侧"电电会社"旧址的影响，但是最后并没有实施。建成之后长春市工人文化宫经历过多次改建和扩建，建筑整体又接建了一层，但基本风格和体量关系变化不大。

图 1　长春市工人文化宫设计方案效果图

图 2　刚刚建成的长春市工人文化宫

图 3　入口门廊

图 4　长春市工人文化宫现状（2020 年　摄）

67 长春解放纪念碑

建筑地址：长春市朝阳区南湖公园临近新民广场处
保护等级：市级文保单位
建筑设计：袁培霖
建筑规模：高 31m
结构形式：钢混结构
建成时间：1988 年

1988 年春天，为了纪念长春解放 40 周年，长春市有关部门发起了一次长春解放纪念碑的设计竞赛，长春建筑界和艺术界人士踊跃参加，这是长春改革开放后规模最大的一次公益性建筑设计竞赛。竞赛过后，由当时吉林省建筑设计研究院总建筑师袁培霖担任组长，组成了一个设计小组，完成长春解放纪念碑的设计方案。

纪念碑选址在新民广场南侧对面的南湖公园内，这里在近代城市规划中曾经是日本人计划修建"宣诏纪念塔"的地方。纪念碑场地南北两端有近 4m 的高差，原计划是利用挡墙设计一幅巨大的浮雕墙，纪念碑下设置一层 19.48m 见方的台阶，寓意 1948 年长春解放，纪念碑侧面有 1948 和 10.19 的浮雕，标志着长春解放的时间。

纪念碑造型简洁，尺度适宜，时代特征鲜明，碑身采用厚重的灰色花岗石饰面，下部为悬空的红色花岗石造型，南侧镌刻着彭真同志的题词——

图 1　彭真同志题写的碑名（2021 年　摄）

图 2　纪念碑侧面刻着长春解放的时间

"长春解放纪念碑"，北侧刻有长春市人民政府作的碑文：向为解放长春英勇献身的革命烈士表示深切的悼念，向为解放长春、建设长春作出贡献的人们致以崇高的敬意。

图3　长春解放纪念碑（2021年　摄）

68　二道沟邮局中共地下党活动旧址

建筑地址：长春市宽城区一心街 12—1 号
保护等级：市级文保单位
建筑规模：150m²
结构形式：砖木结构
建成时间：1910 年代

二道沟邮局旧址位于长春市宽城区一心街与二酉街路口的东南角，这里曾经是中共地下党活动旧址。原有建筑建于 20 世纪初，建筑为地上两层，建筑北侧建有局部外廊，砖木结构，木屋架木楼板。这座建筑虽然位于当年中东铁路宽城子附属地范围内，但是建筑样式却没有采用俄式风格，建筑材料也没有采用俄式红砖而是采用青砖砌筑。

该建筑经过多次改造和维修，由于改为民居，原有的邮局空间和经营状态已经难以恢复，2010 年政府投资对这座建筑进行了修缮和结构加固并开辟为爱国主义教育基地。

修复工程中完全保留了西侧的青砖墙部分，将东侧的红砖墙部分拆除，用长春老城区拆除老房子剩余的青砖进行替换，同时恢复了建筑原有的木制门窗。为了便于展览，拆除了建筑内部后添加的火炕和木板隔墙。室外楼梯采用防腐木制作，这种做法也可以理解为建筑修复工作中的可识别性原则，即新附加部分与原有部分在视觉上严格区分开来。

图 1　二道沟邮局旧址（2009 年　摄）

图 2　二道沟邮局旧址侧面（2009 年　摄）

图 3　二道沟邮局旧址鸟瞰（2009 年　摄）

图 4　修复后的整体效果（2021 年　摄）

69   裕昌源火磨旧址

建筑地址：长春市宽城区东八条街 2 号
保护等级：市级文保单位
建筑规模：311m²
结构形式：砖木结构
建成时间：2007 年复原重建

裕昌源火磨（即裕昌源制粉厂）是 1914 年 9 月王荆山购买苏伯金的亚乔辛火磨后创建的面粉厂，注册商标为"三羊"牌面粉，日产面粉 3400 袋。长春解放后，该厂收归国有，继续恢复面粉生产，商标为"胜利"牌。1952 年，划归东北区粮食公司，分制粉、制米、制油三个车间。1957 年恢复私方股份，改名为"公私合营裕昌源制米厂"。随着城市的发展，最初的裕昌源制粉厂主体厂房陆续被拆除，一栋标志性建筑被移位复建，就是现在的裕昌源火磨旧址。

依据以前的测绘资料和历史照片，复建的建筑为裕昌源火磨旧址内的办公处，该建筑只有一层，具有中东铁路沿线建筑的形式特征，局部装饰线脚具有新艺术运动风格的痕迹。

建筑墙面采用水泥砂浆抹面，外刷白色和米黄色外墙涂料，勒脚及台阶部分做剁斧石，为了保持原有建筑木结构屋顶的构造特点，建筑檐口中局部使用了预埋的木构件，但是比较之下，重建建筑已经失去了原有建筑的灵魂。

图 1   修复后的建筑局部（2007 年   摄）

图 2　裕昌源火磨旧址（2006 年　摄）

图 3　修复后的裕昌源火磨旧址（2007 年　摄）

70　伪满国务院弘报处旧址

建筑地址：长春市宽城区人民大街 809 号
保护等级：市级文保单位
建筑设计：大连横井建筑事务所
施工单位：福昌公司
建筑规模：4213m²
结构形式：钢混框架结构
动工时间：1937 年 9 月
建成时间：1938 年 12 月

伪满国务院弘报处也称"满洲弘报协会"，主要是为了全面控制伪满洲国的新闻和通信领域，首任理事长由日本陆军中将担任，从当年的照片中可以看到弘报协会大楼屋顶密布着多组发射天线。

伪满国务院弘报处旧址是当时"中央通"西侧最南端的建筑，街区呈三角形，充分利用有限的地形来进行设计，将不规则部分留在院落中，使主体建筑保持南北朝向，主立面为面向大街的东侧，建筑高度为 16m，地上 3 层，设有局部半地下室，后院还建有车库。1~2 层主要有接待室、办公室、印刷发送室、照相室等，3 层为俱乐部、阅览室、事务所等，根据内部使用功能不同，2 层南侧利用三角形空间设计了两座阳台，并开设了两扇巨大的落地窗。

建筑内设有一部电梯，楼梯围绕电梯设计，建筑外观简洁，深褐色面砖同周围的建筑很协调，预制女儿墙压顶布满图案。建筑入口做成两层高

图 1　初建成的伪满弘报协会

图 2　伪满弘报协会旧址（1996 年　摄）

的凹入空间，在当时是很有新意的，路口的转角处为避免生硬做成折线形。

　　该建筑是日本建筑师横井兼介设计的最后一座建筑，以横井兼介为主的横井建筑事务所从1920年成立以来，以大连为中心，在东北设计了大量的建筑作品，在长春设计了十余个项目，伪满国务院弘报处是横井的绝笔之作。

图3　伪满弘报协会旧址现状（2020年　摄）

图4　伪满弘报协会旧址南侧（2010年　摄）

71 "满洲电信电话株式会社"旧址

建筑地址：长春市朝阳区人民大街 2599 号
保护等级：市级文保单位
建筑设计："电电会社"工事课
建筑规模：17800m²
结构形式：钢混框架结构
动工时间：1934 年 3 月
建成时间：1935 年

　　"满洲电信电话株式会社"（简称"电电会社"）旧址位于当年的"大同广场"（今人民广场）西侧，同当时"第一、第二厅舍"及伪满洲"中央银行"共同围绕当时的城市中心——"大同广场"，"满洲电信电话株式会社"是控制伪满洲国电报、电话与广播的中枢。建筑设有 1 层地下室，地上 4 层，局部塔楼 6 层，占地面积 9000m²，工程造价 139 万元。

　　"满洲电信电话株式会社"旧址建筑外墙贴浅黄色面砖，在顶层及檐口处有细部装饰，挑檐顶部做成城墙垛口的形式，下面有出挑的梁头。原来在门廊两侧有两尊花岗石雕成的麒麟，其切面的处理手法刚劲有力，形

图 1　初建成的"电电会社"

式独特，由日本雕塑师岩田敬二郎制作，后来被捣毁，现在放置的雕塑是复制品。

"满洲电信电话株式会社"旧址建筑尺度适宜，比例稳重，同伪满中央银行旧址一道，成为当时重要的地标式建筑。

图2　1930年代的"电电会社"

图3　门廊两侧现存雕塑

图4　"电电会社"旧址入口门廊（2020年　摄）

图5　当年的麒麟雕塑

72 大兴会社旧址

建筑地址：长春市朝阳区人民大街 2599 号
保护等级：市级文保单位
建筑设计：伪满洲中央银行营缮科
施工单位：高冈组
建筑规模：10327m²
结构形式：钢混框架结构
动工时间：1935 年 7 月
建成时间：1936 年 10 月

大兴会社旧址位于当年的"大同大街"（现人民大街）与新发路交会广场（已拆除）的东南角，北侧隔新发路就是关东局和关东军司令部旧址，建筑位置非常重要。建筑布局按广场建筑进行设计，面对新发广场设计为折线型，视觉上提供了开敞的引导空间，这里当年是进入商馆街的门户。

1936 年底，通过合并当时的朝鲜银行及其办事处，以及日本人经营的正隆银行、"满洲银行"，成立了"满洲兴业银行"，以发行债券和有奖

图 1 大兴会社旧址现状（2019 年 摄）

储蓄债券为主，银行总部就设在这栋建筑内，至今该建筑入口两侧还保留有传统钱币图案的防护栏杆。

大兴会社旧址建筑外墙腰线以上贴棕黄色长条形面砖，腰线以下为灰黄色花岗石，入口挑檐上方有 7 条竖向的装饰壁柱，显然还存留有多年前盛行的装饰主义风格的痕迹。该建筑原来为 4 层，工程造价 56.2 万元，后来接建两层并经历过多次改扩建，更换了外墙饰面材料，拆除了入口两侧的壁灯，但基本保持了原有的建筑风貌。

图 2　1930 年代的大兴会社

图 3　大兴会社旧址防护栏杆
（2020 年　摄）

图 4　建筑入口两侧原有的壁灯
（1996 年　摄）

73 "满铁综合事务所"旧址

建筑地址：长春市宽城区人民大街 81 号
保护等级：市级文保单位
建筑设计："满铁地方部"工事课
施工单位：钱高组
建筑规模：9724m²
结构形式：钢混框架结构
动工时间：1935 年 6 月 3 日
建成时间：1936 年 7 月 9 日

　　"满铁综合事务所"旧址位于火车站广场的西南角，东侧与早年建成的大和旅馆旧址隔街相对，建筑平面呈"L"形，地下 1 层，地上 4 层，局部 5 层为楼梯出屋面和电梯机房，建筑内部设有电梯，建筑主体高 19.3m，是"满铁长春附属地"内建成建筑中规模最大、高度最高、第一个设有电梯的建筑。

　　建筑入口上方有 6 条突起的竖向装饰线条，门廊两侧墙面也各有两条突起的装饰与之相呼应，这种设计手法显然受到装饰主义风格的影响，是当时经常采用的设计手法。建筑一层外墙饰面为青色花岗石厚石板，窗下局部为蘑菇石，腰线上部墙面贴米黄色面砖，建筑入口两侧安装有两个巨大的铜质座灯，至今还在使用。

图 1　刚建成的"满铁综合事务所"

"满铁综合事务所"旧址的建筑形式比较简单，加之体量又大，对早年建成的火车站和大和旅馆都有一定影响，该建筑后来又多次扩建，在20世纪90年代末接建了一层，多次更换了外墙面砖。

图2 "满铁综合事务所"旧址
（1996 年 摄）

图3 "满铁综合事务所"旧址
（2007 年 摄）

图4 "满铁综合事务所"旧址南侧
（2020 年 摄）

图5 "满铁综合事务所"旧址侧门
（2020 年 摄）

图6 "满铁综合事务所"旧址现状（2020 年 摄）

74 "康德会馆"旧址

建筑地址：长春市朝阳区人民大街 1811 号
保护等级：市级文保单位
建筑设计：三菱合资会社地所课
施工单位：大林组
建筑规模：8898m² （一期）
结构形式：钢混框架结构
动工时间：1933 年 11 月
建成时间：1935 年 6 月

"康德会馆"旧址位于当时"大同大街"（今人民大街）301 番地，从
新发广场（新发路与人民大街交会处，现已拆除）到"大同广场"（现人
民广场）这段区域内，是当时规划建设的商业金融中心区，会馆、商社云
集，日本人声称要将此地建成"满洲的华尔街"。在众多会馆中"康德会馆"
规模最大、形式最独特，其水平伸展的带有城墙垛口的女儿墙与高高耸立
在高塔之上黑色铜瓦覆盖的四角攒尖式屋顶，以及厚重的城堡式入口，都
使其成为该区域内的标志性建筑，在当年留下来的有限照片中，很多都是
以这座建筑为中心。

图 1　1936 年的"康德会馆"，右侧为日毛会社

图 2 "康德会馆"旧址现状（2020 年 摄）

  "康德会馆"旧址占地面积为 6380m²，地上 4 层，设有 1 层地下室，建筑主体高 20m，塔楼顶距地 38m，建筑采用钢筋混凝土框架结构。建筑下部及入口部分采用本溪产的砂岩石贴面，厚重的蘑菇石给旁边街道上的行人以庄重的感觉。

  "康德会馆"旧址由日本三菱财团投资，并以伪满洲国年号"康德"来命名，主要是为日本财团来华人员提供办公、食宿、邮电、游乐的场所，该建筑内部设有两部电梯，一期工程造价 63.7 万元，1935 年又在其西北侧增建了二期工程，新增面积 11000m²，工程总造价 85.9 万元。

  该建筑曾长期作为政府办公机构，1985 年接建了两层并复建了顶部的塔楼，基本保持了原有建筑的风貌，2006 年市政府迁到新址后，该建筑被接收企业进行了商业改造，原有建筑样貌损毁严重。2020 年底恢复了塔楼，但与历史样貌相去甚远。

图 3 接层后恢复的塔楼（1996 年 摄）

75 海上会社旧址

建筑地址：长春市南关区人民大街 1810 号
保护等级：市级文保单位
建筑设计：东京木下（木下益治郎）建筑事务所
施工单位：大林组
建筑规模：20577m²
结构形式：钢混框架结构
动工时间：1937 年 5 月
建成时间：1938 年 11 月

海上会社（东京海上火灾保险株式会社"新京大厦"的简称）旧址位于"康德会馆"旧址对面，是这一区域比较晚建成的建筑，建筑主体地上5 层，地下 1 层，占地面积 6380m²，工程造价 120 万元。建筑主体高度21.75m，塔楼顶距地 38m，与"康德会馆"旧址体量相近，塔楼高度一致，双塔对峙成为当时的一景，是"大同大街"（今人民大街）中段商馆区的标志性建筑。

图 1　1930 年代的海上会社及其高高的塔楼

图2 海上会社旧址现状（2020年 摄）

海上会社旧址采用钢筋混凝土框架结构，建筑西北两边临街面腰线以下贴浅色花岗石，东南面做人造石，腰线以上贴灰白色面砖。建筑入口形式同东拓会社大楼的处理手法相似，但采用浅色花岗石贴面，局部做出柱式中凹槽的装饰线条，至今上面还留着累累弹痕。

海上会社旧址后来为长春市中心医院使用，原建筑后来接建了一层，接建时建筑屋顶的塔楼被拆除。

图3 1930年代的海上会社

76 "新京中央电报局"旧址

建筑地址：长春市朝阳区西安大路 336 号
保护等级：市级文保单位
建筑设计：电电会社工事课
建筑规模：11000m²
结构形式：钢混框架结构
建成时间：1942 年

    "新京中央电报局"隶属于"满洲电信电话株式会社"，主要从事电报和长途通信业务，两座建筑隔兴安大陆（今西安大路）相望。"新京中央电报局"建成于 1942 年，是长春近代时期建成较晚的一栋建筑，建筑呈"L"形，原有建筑地下 1 层，地上 4 层，1986 年在原有建筑之上又接建了一层，并更换了外墙面砖。

    改革开放后，随着通信业务的飞速发展，移动通信设备设施的销售领域越来越火爆，这里曾经是长春市移动通信设备营业部门的标志。近些年由于使用功能的改变，该建筑进行了结构加固并再次更换了外墙面砖，但总体上基本保持了原有建筑的面貌。

图 1　1940 年代的"新京中央电报局"

"新京中央电报局"旧址建筑造型简洁,开窗面积较小,适合于长春严寒的气候特征,大部分窗户净宽只有 1m,形成垂直的竖向凹窗,南侧临街处设计有凹入的主入口,通过大台阶解决室内外半层的高差。建筑转角处呈 45°的折线,外墙贴浅灰色面砖,女儿墙压顶先回收再出挑,形成一条水平阴影,整个建筑充满了现代的简约感。

图 2 "新京中央电报局"旧址(1996 年 摄)

图 3 "新京中央电报局"旧址现状
(2020 年 摄)

图 4 建筑局部

77　益通银行旧址

建筑地址：长春市宽城区胜利大街 802 号
保护等级：三普建筑
建筑规模：地上 3 层
结构形式：砖混结构
建成时间：1930 年代

　　益通银行旧址位于南广场东北角，当时的大和通（今南京大街）和东三条通（今东三条街）交会的三角形地块内，西侧紧邻"满洲制粉联合会"旧址，该建筑建设时间较晚，没有留下完整的历史信息和图片资料。据史料记载：该建筑曾经先后作为伪满中央银行南广场支行和益通银行富士町支行使用。

　　益通银行应该是当时"日本桥通"（今胜利大街）这条金融一条街上最后建成的也是规模最大的一座银行建筑，其 3 层的高度和建筑规模比之前建成的横滨正金银行长春支店、朝鲜银行长春支店、"满洲银行长春支店"，以及金泰洋行和"新京金融株式会社"等建筑规模都很大。

图 1　益通银行旧址（1996 年　摄）

由于西侧紧邻"满洲制粉联合会"大楼，因此设计上只考虑南广场和南京大街一侧的立面效果，该建筑地上3层，地下1层，建筑立面设计手法与横滨正金银行长春支店非常相似，只是更为西化。两座建筑同样采用爱奥尼柱式，但是横滨正金银行长春支店是模仿古希腊时期的柱式，比较丰满；而益通银行则采用古罗马时期的柱式，显得更为俊朗和挺拔，两者的入口门楼几乎一样。

图2 益通银行旧址现状（2021年 摄）

图3 益通银行旧址柱头（2021年 摄）

图4 益通银行旧址局部（2021年 摄）

78 吉林省戏曲学校旧址

建筑地址：长春市朝阳区建设街 2663 号
保护等级：三普建筑
建筑设计：马国栋
建筑规模：10300m²
结构形式：钢混框架结构
动工时间：1961 年

　　吉林省戏曲学校旧址位于原来建设广场（已拆除）的西南角，这是一座集办公室、教室、排练厅等多种功能于一体的教育类建筑，它那巨大的半圆形穹顶以及内部圆形的通厅空间形式独特，一派欧风景象，与对面近代时期建成的"新京水塔"（已拆除）一同构成了建设广场的地标，它也是长春历史上第一个带有大型穹顶的建筑。

　　吉林省戏曲学校旧址穹顶之下有两层带有花岗石栏杆的平台，内外空间相互呼应，檐口下有浮雕图案，一层勒脚部分采用凿毛的花岗石石材贴面，门廊外柱上设有四盏巨大的壁灯，特别是主入口双层门廊二层的开敞式空间形成的阴影变化更为其增添了光彩，作为教育类建筑要比同时期建设的吉大理化楼更华丽，在长春市 20 世纪 60 年代的建筑中特立独行，引人注目。

图 1　位于建设广场的吉林省戏曲学校旧址（1965 年　摄）

吉林省戏曲学校创建于 1957 年，1997 年将旧址建筑两翼接建了一层，增加了半圆形壁柱，改变了原有建筑的比例和尺度关系，2000 年吉林省戏曲学校并入吉林艺术学院后又统一贴了灰色面砖，改变了原有建筑的色彩与肌理，但原有建筑的主体风貌还在。

图 2　吉林省戏曲学校旧址（2020 年　摄）

图 3　吉林省戏曲学校旧址局部（2020 年　摄）　图 4　檐口装饰图案（2020 年　摄）

79 福井高梨组旧址

建筑地址：长春市宽城区人民大街 558 号
保护等级：历史建筑
设计单位：福井高梨组
施工单位：福井高梨组
建筑规模：地上两层
结构形式：砖木结构
建成时间：1930 年代

福井高梨组旧址位于当年"中央通"（今人民大街）与室町一丁目（今松江路）交会处的东南角，即"中央通"26 号。在这个地块内还有菊地工务所和春记公司，都是从事市政工程建设的施工企业，作为企业的管理部门，其建筑规模都不大，建筑形式也比较简单，外墙多为水泥砂浆抹面，女儿墙外侧做装饰线脚，目前这三栋建筑都保存完好，为两层砖木结构，在 1936 年 4 月 11 日的历史照片中可以清楚地看到它们的身影。

福井高梨组旧址位于路口位置，在三栋建筑中规模最大，饰面材料也最丰富，建筑布置呈"L"形，弧形转角处局部贴有棕色和灰白色小块面砖，女儿墙外侧做竖向线脚，建筑一层在两条街道开设多个单独出入口，便于独立出租从事商业活动。

福井高梨组旧址及其周边的中小型商业建筑大都建于 1930 年代初期，在伪满洲国建立之前，"满铁长春附属地"一直以"日本桥通"（今胜利大街）一带为重点发展区域，"中央通"南端的发展建设一直比较低迷，这就是目前道路两侧现存有许多设计和建造品质一般的两层建筑的主要原因。

图 1　1930 年代的福井高梨组

图 2　1936 年 4 月 11 日下午三点"新京国都警备团"在福井高梨组门前

图 3　修复后的福井高梨组旧址（2010 年　摄）

图 4　福井高梨组旧址（2007 年　摄）

图 5　福井高梨组旧址现状（2020 年　摄）

80 "国都旅馆"旧址

建筑地址：长春市宽城区人民大街 687 号
保护等级：三普文物
建筑设计：长谷川组
施工企业：长谷川组
建筑规模：地上两层
结构形式：砖混结构木屋架
建成时间：1930 年代初期

"国都旅馆"位于当年"中央通"（今人民大街北段）西侧，南侧紧邻榊谷大厦，1930 年代初期建成，该建筑最初为两层，一层为商业店面，设有三个独立的出入口，便于单独管理，旅馆入口设在南侧，门套造型也最醒目。

"国都旅馆"旧址外墙贴深棕色小块面砖，面砖表面采用人工拉痕处理，质感丰富，有专门加工的转角面砖。一层窗下墙部分采用灰黄色花岗石，在窗间墙处设有大量的竖向装饰线脚，具有典型的装饰艺术风格特征。后来整体又接建了一层，从老照片上看到，这时榊谷大厦已经完成了接建。

图 1　1930 年代初没接层时的"国都旅馆"

接层后使用了原有的外墙饰面材料，现场甚至看不到接层的痕迹，但是原来竖向线条突破屋顶女儿墙的造型做法没有延续，而是做成了平顶，影响了原建筑的风格特征。

这里曾经长期作为省政府第二招待所，是长春市人民大街历史文化街区，特别是铁南地区存留不多的近代旅馆类建筑，目前建筑保存完好。

图2 "国都旅馆"旧址现状（2020年 摄）

图3 "国都旅馆"旧址南侧局部（2020年 摄） 图4 "国都旅馆"墙垛局部

81 输入组合百货店旧址

建筑地址：长春市宽城区人民大街 385 号
保护等级：历史建筑
建筑规模：地上 3 层
结构形式：砖混结构
建成时间：1930 年代

输入组合百货店旧址位于现人民大街与珠江路路口的西北角，长春邮便局旧址的斜对面，建成于 1930 年代，是"满铁长春附属地"发展盛期建设的建筑。

在日本占据时期，为了保障日本人以及企业员工的生活福利，垄断日本产品在东北的销售市场，先后在各行各业成立了多种组合，主要用于销售价格优惠的生活日用品，除了"满铁消费组合"外，就是"满铁"当局扶植的日本杂货零售商的"满洲输入组合"，该组合覆盖了东北广大区域，并在多地设有分支机构，长春的输入组合设立于 1928 年。

该建筑应该是"满洲输入组合"在长春的新总部及百货店，建筑位于"满铁长春附属地"内重要的交通路口，建筑地上 3 层，兼具商业与办公，建筑转角处设计成弧形，窗户上下均设有水刷石线脚，女儿墙转角处有突出的水刷石造型作为旗杆的底座，这种做法在长春近代非常流行，大多是悬挂带有企业徽标的旗帜。建筑临街表面贴长条形面砖，这种面砖在 20 世纪 30 年代初中期开始在长春流行，由于价格比较昂贵，主要用于行政办公建筑和官邸建筑。

整个建筑造型充满了现代感，底层架空，大面积的门窗凹入形成深深的阴影，与上部实墙形成强烈的对比，成为"满铁长春附属地"盛期成熟的范例。

图 1　1930 年代的输入组合百货店　　　图 2　输入组合百货店旧址（1996 年　摄）

图 3　输入组合百货店旧址（2007 年　摄）

图 4　输入组合百货店旧址现状（2020 年　摄）

82 长春敷岛寮旧址

建筑地址：长春市宽城区松江路 398 号
保护等级：历史建筑
建筑规模：地上 3 层
结构形式：砖混结构
建成时间：1910 年代

长春敷岛寮旧址位于西广场西侧，当时的西三条通和蓬莱町（今浙江路）三丁目、平安町（今松江路）三丁目之间的长方形地块内，因为靠近敷岛通（今汉口大街），故命名为"敷岛寮"。"寮"就是宿舍，在"满铁"时期和伪满时期，除了建设大量的集合式住宅以解决外来人员的居住问题，同时还建设大量的"寮"，为单身职工解决住宿问题，敷岛寮就是"满铁"为员工提供的独身宿舍。

当时在这个地块里建成了两栋完全相同的建筑。一南一北，不知是否按照性别划分宿舍分区，后来在两栋建筑之间又建设了一栋两层带有拱形外廊的建筑，是为敷岛寮两栋宿舍提供餐饮等服务的食堂。3 栋建筑用连廊相连，后来北侧的建筑被拆除，建设了浙江路小学；南侧建筑虽然后期改造过，但是保存基本完好，中间两层的建筑改造变化较大。

长春敷岛寮旧址为 3 层砖混结构，建有 1 层地下室。外墙采用红砖砌筑，窗下墙为剁斧石，红砖墙采用不同的组砌方式，形成复杂的图案变化，是这种类型建筑中规模最大、建造质量最好、保存最为完整的实例。

图 1 两栋建筑之间建筑还没有建成

图 2　长春敷岛寮旧址现状（2020 年　摄）

图 3　长春敷岛寮旧址局部

图 4　女儿墙细部做法

图 5　墙体细部做法

83 青阳大厦旧址

建筑地址: 长春市宽城区东二条街 22 号
保护等级: 历史建筑
建筑规模: 4000m²
结构形式: 钢混框架结构
建成时间: 1930 年代末

青阳大厦旧址位于东二条街与珠江路交会处的东南角,该建筑为现存"满铁长春附属地"范围内规模最大、高度最高的商业建筑,始建于 20 世纪 30 年代末,集商业销售、娱乐演艺、旅馆住宿和办公出租于一体。

青阳大厦旧址主体为地上 5 层,平屋顶,两侧原为 3 层,后来接建了一层,为木屋架坡屋顶。该建筑主体为钢筋混凝土框架结构,后接建部分为砖混结构。据媒体报道,20 世纪 50 年代"石油会战"期间,这里曾经作为指挥机构所在地。

青阳大厦旧址外墙贴有深黄色

图 1　1940 年代的青阳大厦

面砖,线脚为水刷石,圆形窗户外侧有铸铁装饰栏杆,当时常用的垂直线脚体现出装饰艺术风格的气质。最为特殊的地方是在建筑中央竖向立柱上安装有一座圆形的时钟,除了长春火车站外,只有当年的青阳大厦墙面上悬挂有时钟,在 2012 年维修前,安装时钟的圆洞还在,时钟却早已丢失了。

图 2　青阳大厦旧址（2010 年　摄）

图 3　青阳大厦旧址现状（2021 年　摄）

84 "满铁长春消费组合"旧址

建筑地址：长春市宽城区汉口大街 228 号
保护等级：历史建筑
建筑设计：长春地方事务所工事系
建筑规模：4093m²
结构形式：钢混框架结构
建成时间：1930 年代中期

在日本占据时期，为了保证日本人的生活，先后在各行各业成立了各种组合，其中"满铁消费组合"成立的时间最早，其影响也最大。

最初"满铁长春消费组合"位于西广场北侧，建筑面积比较小，后来在现汉口大街与杭州路交会路口新建大楼。现存"满铁长春消费组合"共分为三期建设，从空中看整个建筑像一艘大船。最早建成的是中间呈正方形平面的 4 层建筑，其后是东侧 3 层部分和西侧 1 层部分。从历史照片、老地图以及现存建筑分析，第一期的 4 层建筑大约建于 20 世纪 30 年代中期，其样式与"满铁奉天青叶町配给所"相同，应该是使用了同一套图纸。

长春解放后，该建筑由铁路部门接收，曾经是火车站前最大的商店。建筑外墙饰面以棕黄色劈离砖为主，窗间墙和勒脚处为水刷石饰面，女儿墙上设有防护网。

一直到改革开放初期，由于建筑体量比较大，又是有轨电车的终点站，这座建筑一直是这一区域的标志性建筑。

图 1 "满铁奉天青叶町分配所"老照片

图 2 建筑饰面采用劈离砖

由于年久失修，建筑外墙表面破损严重，严重影响使用安全，2010年地方政府投资进行了立面修缮，恢复了建筑的原有外貌，后来的再次维修破坏了建筑的外饰面材料，建筑历史信息消失殆尽。

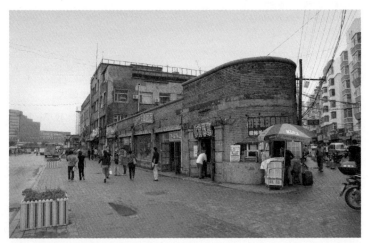

图 3　长春"满铁消费组合"旧址（2010 年　摄）

图 4　首次修复后的建筑效果（2011 年　摄）

85 "中央通加油站"旧址

建筑地址：长春市宽城区人民大街 855 号
文保等级：历史建筑
建筑规模：地上一层
结构形式：砖混结构
建成时间：1930 年代末

　　"中央通加油站"旧址位于原来的"满铁长春附属地"的南端，当年"中央通"（今人民大街）与八岛通（今北京大街）交会路口的锐角地形的顶端，北侧是"满洲弘报协会"旧址，"满洲弘报协会"是横井谦介建筑事务所的最后一个作品。该建筑于 1938 年 12 月建成，从老照片中看到了"满洲弘报协会"旧址和加油站的身影，因此，初步判断该加油站有可能建于 20 世纪 30 年代末，为长春现存历史最悠久的加油站，一直到今天还在使用。

　　从老照片中可以清楚地看到，原来加油站站蓬东侧只有一扇窗户，说明加油站的现状应该是后期改造的结果，从现状墙面的面砖上看，改造时间应该是在 20 世纪 40 年代初期。

　　"中央通加油站"旧址平面呈"一"字形，中间设有单柱雨篷，建筑造型充满现代感，建筑外墙采用浅米黄色方块面砖，转角处做成特殊的转角面砖，同长春近代时期的做法相同。雨篷圆柱表面原为红色面砖，以起到警示作用，加油站西侧有一座高起的烟囱，高高的实墙面极大地丰富了加油站立面的构图。

图 1　20 世纪 40 年代初的加油站

图 2　修复前的加油站（2007 年　摄）

图 3　修复后的加油站（2010 年　摄）

图 4　修复后的加油站（2020 年　摄）

86 "满洲新闻大厦"旧址

建筑地址：长春市宽城区人民大街 778 号
保护等级：历史建筑
建筑设计：横井建筑设计事务所（一期）
施工单位：碇山组（一期）
结构形式：砖混结构 + 局部内框架
动工时间：1933 年 11 月
建成时间：1934 年 11 月

  "满洲新闻大厦"旧址位于当年"中央通"（今人民大街北段）与千岛路（今青岛路）交会处的东北角，建筑顶部高高耸起的空架子给人印象深刻，它是"满铁长春附属地"南端的标志性建筑，但它的前身却令人难以想象。

  据资料记载，该建筑的前身应是 1934 年建于当时"中央通"44 号的"满洲日报新京支社"，原有建筑只有两层，并建有局部地下室，建筑平面呈"L"形，建筑面积只有 897m^2。

  但现存建筑与资料记载差别巨大，建筑高度和样式都发生了很大变化，仔细比对，可以发现应该是在原有建筑的基础上接层并增加高度形成的。从当年的老照片中可以清晰地看到该建筑是这一区域的标志性建筑，在长春同时期的建筑中风格与造型都十分独特，国民党占据长春时期，这里曾经作为中央日报社所在地。

图 1　20 世纪 40 年代的历史照片

图 2　日本投降后曾经作为中央日报社

图 3　"满洲新闻大厦"旧址（2007 年　摄）

图 4　"满洲新闻大厦"旧址现状（2020 年　摄）

87 "新京百货店"旧址

建筑地址：长春市宽城区胜利大街 1221 号
保护等级：历史建筑
建筑规模：地上 4 层
结构形式：砖混结构
建成时间：1930 年代

　　"新京百货店"旧址靠近胜利大街与上海路交会路口，历史上这里曾经是"满铁长春附属地"和长春商埠地的分界点，伪满时期这座建筑为"新京百货店"使用，连同当年的"日本桥"一起成为"满铁长春附属地"的重要标志。

　　"新京百货店"旧址建于 20 世纪 30 年代中期，建筑地上 4 层，并设有 1 层局部地下室，建筑主体为砖混结构，内框架，平屋顶，顶层开有拱形窗，从层高上判断，1~3 层以商业为主，4 层以办公和住宿为主。建筑外墙呈浅黄色，为水泥砂浆抹面，后来该建筑又接建了 1 层，原有开窗形式也都发生了改变，2011 年区政府投资对该建筑进行了修复，表面更换为米黄色面砖。

　　"新京百货店"旧址为典型的装饰艺术风格，建筑立面追求竖向装饰线条，从当年遗留下来的历史照片中可以清晰地看到这里是从长春老城、商埠地进入"满铁长春附属地"的门户，也是长春近代时期遗留下来为数不多且

图 1　"新京百货店"历史照片

历史最悠久的近代商业建筑,与当年的"日本桥"(20世纪30年代已拆除)一起成为长春近代历史中最重要的城市景观节点之一,在长春近代城市史和建筑史中都占有特殊位置。

图2 "新京百货店"旧址(2011年 摄)

图3 复原修缮设计效果图

88 日毛会社旧址

建筑地址：长春市朝阳区人民大街 1699 号
保护等级：市级文保单位
施工单位：高冈组
建筑规模：4600m²
结构形式：钢混框架结构
动工时间：1935 年 12 月 11 日
建成时间：1936 年 12 月 10 日

在"康德会馆"旧址北侧，隔北安路就是日毛会社旧址，当年日毛会社与海上会社、"康德会馆"形成"三塔相对"的城市景观，成为区域内的标志性建筑。

日毛会社在"康德会馆"一期建成后开始动工建设，建筑地上 4 层，其中 1 层为商业，2 层为事务所，3、4 层为宿舍。建筑高度与"康德会馆"相近，顶部设有高塔，转角处为弧形，整个 1 层的围护部分退到框架柱

图 1　初建成的日毛会社

后面，产生底层架空的视觉效果，形成强烈的光影变化。

2~4 层外墙的水平线脚加上深色窗间墙营造出带形窗的视觉感受，与北侧垂直条窗形成对比，再加上圆形窗的点缀，体现出现代主义建筑的风格特征，加工精致的空腹钢窗可以上下滑动，日毛会社也是这一区域中最具现代气质的建筑。

"满映"成立初期曾租用日毛会社作为办公地点，和"康德"会馆旧址一样，日毛会社旧址也被接层改造，在原有建筑上接建了两层，同时拆毁了原有的塔楼，外墙面砖经过多次更换，目前只有北侧的两排圆窗还能依稀看到原来建筑的影子。

日毛会社旧址后来由吉林省建筑设计研究院使用，一层临街店面曾经租给通达电器行，是改革开放初期长春经销家用电器的重要场所。

图 2　日毛会社旧址现状（2020 年　摄）

89 西村旅馆旧址

建筑地址：长春市宽城区胜利大街 285 号
保护等级：历史建筑
建筑规模：地上 3 层
结构形式：砖混结构
建成时间：1920 年代末

　　西村旅馆旧址位于"日本桥通"（今胜利大街）与东一条交会处的锐角形地块内，这里原为"满铁长春附属地"内的西村旅馆旧址，伪满时期该旅馆曾经改用"新京大都旅馆""新京扇芳旅馆"等名称，是这一区域存留下来为数不多的小型旅馆建筑之一。

　　最初的西村旅馆只有一层，为日木传统建筑样式，20 世纪 20 年代"满铁长春附属地"更新时建设了现在的建筑。西村旅馆旧址建筑形式为典型的装饰艺术风格，建筑立面追求竖向装饰线条，从当年遗留下来的历史照片中可以清晰地看到这栋建筑为当时"日本桥通"（今胜利大街）北部的标志性建筑。

图 1　1930 年代"日本桥通"上的西村旅馆

西村旅馆旧址大约建于 20 世纪 20 年代末，地上 3 层，设有 1 层局部地下室，建筑主体为砖混结构，内框架，平屋顶，临街外墙立面采用灰白色面砖贴面。长春解放后这里一直作为部队的招待所，2011 年政府投资对该建筑进行了修缮，基本恢复了原来的建筑面貌。

图 2　西村旅馆旧址（2011 年　摄）

图 3　复原修缮中的西村旅馆旧址
（2011 年　摄）

图 4　西村旅馆旧址现状
（2020 年　摄）

90 王大珩故居旧址

建筑地址：长春市朝阳区工农大路二胡同 123 号
保护等级：历史建筑
建筑规模：主体两层
结构形式：砖木结构
建成时间：1930 年代中期

　　王大珩（1915—2011）是我国著名光学科学家，从 1952 年到长春担任中国科学院仪器馆馆长开始，到后来担任长春光机所所长，在这里居住了 30 多年。这里距离后来建设的长春光机所科研楼步行距离不到 300m，2012 年 9 月 10 日王大珩故居旧址正式对外开放，这也是长春正式对外开放的第一个名人故居。

　　该建筑一层是客厅、书房、厨房、卫生间，二楼是卧室。建筑外墙为水泥砂浆抹面，局部做"扒拉灰"，突出的窗套形成室内宽阔的窗台，木屋架坡屋顶水泥瓦，院落围墙柱子底部还留有部分当年的条形面砖，这些特征都是长春近代住宅常用的设计手法。

图 1　王大珩故居（2020 年　摄）

这栋建筑建于 1930 年代中期，当时为伪满政府代用官舍——黄龙路
（今工农大路二胡同）101 号，伪满时期建设了不同标准的住宅，从独栋
式到一栋多户的集合住宅，这一区域靠近北侧的伪满大陆科学院，应该是
为其配套建设的住宅。

图 2　王大珩故居入口（2020 年　摄）

图 3　王大珩故居南侧（2021 年　摄）

91 榊谷组出张所旧址

建筑地址：长春市宽城区人民大街 687 号
保护等级：三普文物
建筑设计：榊谷组
施工企业：榊谷组
建筑规模：地上 3 层
结构形式：砖混结构木屋架
建成时间：1930 年代中期

　　榊谷组出张所即榊谷组在"满铁长春附属地"内设立的办事处，据史料记载，该建筑为当时的施工企业榊谷组承建，集商业店面、办公和住宿为一体，先后有榊谷组出张所、昭和工务所等机构在此设立办公地点，主要出资人榊谷仙次郎曾担任"满洲土木建筑业协会"理事长。

　　榊谷组出张所位于当年"中央通"（今人民大街北段）西侧，北侧紧邻"国都旅馆"，南侧隔千岛町（今嫩江路）就是后来建成的弘报协会大楼。榊谷组出张所建成于 1930 年代中期，是该区域比较晚建成的建筑，最初南侧临千岛町一侧至转角处为 3 层，"中央通"一侧为两层，30 年代末接建为 3 层。

图 1　初建成的榊谷组出张所

榊谷大厦一层为商业店面，设有多个独立的出入口，主入口设在位于路口的转角处。建筑外墙采用深米黄色光面面砖，顶层采用拱形窗，长春解放后这里曾经长期作为省政府的第二招待所使用，近些年来该建筑被多次维修改造，更换了外墙饰面面砖，但基本保持了原有风貌。

图 2　榊谷组出张所旧址（1996 年　摄）

图 3　榊谷组出张所旧址现状（2020 年　摄）

92 中科院长春光机所科研楼旧址

建筑地址：长春市朝阳区工农大路 3855 号
保护等级：历史建筑
建筑设计：长春建筑设计公司陈有耐
建筑规模：主体 5 层
结构形式：钢混框架结构
设计时间：1958 年 5 月 23 日
建成时间：1959 年

中国科学院长春光学精密机械研究所的前身是始建于 1952 年的仪器馆和 1953 年的机电研究所，1957 年更名为"光学精密仪器所"，1960 年机电所筹备处和光学精密仪器所合并成立光学精密机械所，简称"中科院长春光机所"。

1999 年由中科院长春光机所与中科院长春物理所整合成立中国科学院长春光学精密机械与物理研究所，随着东部新区的建设，两所历史悠久的科研院所陆续迁出市中心的原有建筑，位于新民广场的物理研究所全部拆除后建设了现在的欧亚新生活购物广场，长春光机所由于被列为紫线保护建筑，主体建筑科研楼被保留下来，但是西侧附属建筑则全部被拆除，建设了新项目。

中科院长春光机所科研楼旧址位于长春市工农广场西侧，工农大路与南湖大路交会的锐角地形内。在这个近乎 45°角的地段内，传统的设计

图 1　长春光机所科研楼旧址现状（2021 年　摄）

手法难以展开，更无法按照广场建筑进行布置，主创建筑师陈有耐先生独辟蹊径，充分利用场地的特殊性进行自由布置，建筑主体采用东西向，与斜向的附属建筑形成环抱之势面对场地的入口。长长的入口雨篷、半遮半掩的松树池，都延续了长春近代建筑布局的习惯做法，整个建筑表现出来的动态均衡完全体现了现代主义的创作理念。长春光机所科研楼旧址应该是长春建筑历史上第一个真正意义上的现代建筑。我国著名光学科学家王大珩在这里工作了20多年。

建筑主体为5层，局部为6层，靠近工农广场一侧的3层附属建筑山墙上有水刷石花格窗，建筑外墙使用米黄色无釉面砖，局部为水砂浆抹面，女儿墙采用混凝土压盖，勒脚部分为剁斧石，一派现代主义建筑的简约风格。

2007年对建筑主体进行修缮时，更换了原有的外墙面砖，但基本保持原有建筑的风格。之后又被使用单位多次改造，增加了欧式门廊和入口，对原有建筑形式影响较大。

图2　维修改造中（2007年　摄）

图3　长春光机所科研楼旧址局部（2007年　摄）

图4　水刷石花格窗（2021年　摄）

图5　原有面砖粘贴做法（2007年　摄）

93 长春体育中心五环体育馆

建筑地址：长春市南关区亚泰大街 4899 号
保护等级：标志性建筑
方案设计：加拿大泛太平洋设计事务所
施 工 图：吉林省建筑设计研究院
建筑规模：31192m²
结构形式：钢桁架结构
动工时间：1994 年 9 月
建成时间：1998 年 7 月

　　长春体育中心五环体育馆是一座多功能体育场馆，可以进行篮排球、室内田径、冰球和短道速滑等比赛项目。五环体育馆整体造型为不对称的半球状，体育馆屋盖采用方钢管桁架结构，40 组钢架直接落到地面，如果地面采用预制钢筋混凝土基础，会比现在表面贴石材的效果要好很多。体育馆长轴方向最大跨度为 192m，短轴方向为 146m，中心高度达 50m，可以容纳 11428 万名观众。

　　五环体育馆屋顶采用灰色压轧钢板，上下虚实对比强烈，建筑造型独特，总投资达 2.1 亿元。2007 年五环体育馆曾经作为第六届亚洲冬季运

图 1　长春体育中心五环体育馆（2020 年　摄）

动会的主场地，开幕式、闭幕式、短道速滑和花样滑冰等比赛项目都在这里举行。长春体育中心五环体育馆是 20 世纪末长春建造的一批重要的大型体育设施之一。

图 2　体育馆西部主入口（2020 年　摄）

图 3　体育馆钢网架局部（2020 年　摄）

94 长春净月潭门前景区

建筑地址：长春市南关区净月大街 5840 号
保护等级：标志性建筑
建筑设计：齐康院士团队
建筑规模：塔楼高 42.43m
结构形式：木结构 + 钢混框架结构
动工时间：1999 年
建成时间：2000 年

长春净月潭原为近代时期建设的水源地，现在为 AAAAA 级国家风景名胜区。长春净月潭门前景区主要建成项目包括景区主入口售票室及大门、主题广场、塔楼等三处建筑，为齐康院士团队所做的长春净月潭风景区设计的主要项目。

长春净月潭风景区的主入口为正对净月大街的北门，由售票室和入口标志组成。总体设计构想来源于"新月"，即民间俗称的"天狗伴月"。售票室与入口标志既分又合，富于趣味性。高 10.4m 的售票室造型独特，木结构的斜向屋脊延伸向入口标志，高 21.6m 的入口标志的构思则来源自"弯月"。

图 1　净月潭风景区主入口（2020 年　摄）

图 2　净月潭风景区售票室（2020 年　摄）

图 3　月亮女神广场（2020 年　摄）

图 4　碧松净月塔楼（长春净月高新技术产业开发区宣传部提供，2010 年　摄）

主题广场距离主入口 130m，广场平面设计利用圆形及移位形成的椭圆形，切出多个月形图案。最初中间最小的圆形为水面，后来为了安放净月女神雕像，将原本为下沉广场的月形部分改为水面，增加了音乐喷泉，原来的圆形水面改为硬质铺地，即现在的女神广场。

塔楼坐落于长春净月潭国家森林公园的观潭山上，塔楼没有选用传统的宝塔建筑形式，设计灵感来源于松柏的枝叶，高低错落、参差有致、气势巍峨，风格造型新颖独特，用齐康院士的话，就是要将塔楼"变成一棵人造大树"。登临其上，净月秀色，尽收眼底。后来有关部门对净月潭 12 处景点开展有奖征名活动，塔楼获名"碧松净月"，这个名字与塔楼的设计寓意非常贴切。

在修建塔楼的同时，还对已经建成的太平钟楼进行了改造，通过 4 开间的连廊将两座建筑连接起来，塔楼高 42.43m，钟楼高 13.5m，"碧松净月"塔楼自建成之日起就成为净月潭风景区的标志。

图 5　俯瞰碧松净月塔楼（长春净月高新技术产业开发区宣传部提供，2020 年　摄）

95 长春国际会议中心

建筑地址: 长春市南关区会展大街 100 号
保护等级: 标志性建筑
方案设计: 日本志贺建筑设计咨询（上海）有限公司
施 工 图: 吉林省建苑设计集团有限公司
建筑规模: 21787m²
结构形式: 钢混框架结构
动工时间: 2007 年
建成时间: 2008 年

　　长春国际会议中心隶属于长春国际会展集团，是继会展中心、经开体育场、会展中心大饭店之后的另一个大型项目，由于其紧邻世纪广场，设计上希望将其打造为城市东南门户的标志性建筑。

　　长春国际会议中心位于会展中心东侧，是集会议、餐饮、观演等功能于一体的多功能性建筑，建筑 3 层，高度 40m。主会场能容纳 1200 人，采用升降式舞台，可用于举办大型国际会议及各种演出、音乐会等活动，国际会议厅拥有同声传译系统。

图 1　长春国际会议中心西侧（2020 年　摄）

长春国际会议中心设计方案由日本志贺建筑设计咨询（上海）有限公司完成，设计方案汇集日本城市会议中心的设计理念，同时将之前由清华大学刘伯英主持设计的长春国际会展中心一期（2001 年建成）和长春经济技术开发区体育场（2002 年建成，可以容纳近 3 万人，曾经长期是长春亚泰足球的主场地）的设计元素巧妙地结合在一起，合理吸纳其设计语汇，例如金属屋面、白色的拉索桅杆、弧形屋顶，使得最新设计的长春国际会议中心既造型独特，又与既有建筑风格相协调，取得良好的视觉效果。

图 2　长春国际会议中心东侧（2020 年　摄）

图 3　长春国际会议中心南侧（2020 年　摄）

图 4　长春国际会议中心主入口（2020 年　摄）

图 5　长春国际会议中心与经开体育场

图 6　体育场看台顶篷的拉索结构

图 7　建筑入口局部（2020 年　摄）

96 长春市革命烈士陵园

建筑地址：长春市二道区三道镇九龙源大街 33 号
保护等级：标志性建筑
建筑设计：何镜堂院士团队
占地面积：70400m²
建筑规模：8747m²
结构形式：钢混框架结构
动工时间：2007 年
建成时间：2008 年

长春市革命烈士陵园位于城市的东部，距离城市中心——人民广场直线距离为 12km。整个烈士陵园坐西朝东，背靠长春市区，沿着逾 300m 长的轴线布置了大门、下沉甬道、可容纳万人集会的英雄广场、主体雕塑和烈士纪念馆，在英雄广场处设计了一条南北方向的次轴线，北侧纪念碑广场中央是高达 42m 的革命烈士纪念碑，纪念碑碑体采用折线的设计方式，直刺天空，造型既简洁又充满了雕塑感。

图 1　长春市革命烈士陵园（2020 年　摄）

图 2　陵园主题雕塑（2020 年　摄）

图 3　下沉式英雄广场（2020 年　摄）

长春市革命烈士陵园的设计理念：以大地景观造势，以简洁凝练的手法造型，以高耸入云的纪念碑点题，奠定了陵园悲壮雄浑的气势，表现出一种理性和刚毅的气质，长春烈士陵园的规划与设计充分展示出何镜堂院士设计团队对于纪念性建筑空间设计的独到之处和掌控能力。

　　陵园内高 12m 的"浩气长存"主题雕塑由雕塑大师叶毓山设计制作，长春烈士陵园先后获得"中国建筑学会建国 60 周年建筑创作大奖""2009年教育部优秀设计一等奖"。

图 4　长春革命烈士纪念碑（2020 年　摄）

图 5　倾斜的坡道（2020 年　摄）

图 6　纪念浮雕墙（2020 年　摄）

97 松山·韩蓉非洲艺术收藏博物馆

建筑地址：长春市南关区亚泰大街 9777 号
保护等级：标志性建筑
建筑设计：何镜堂院士团队
建筑规模：5640m²
结构形式：钢混框架结构
动工时间：2010 年
建成时间：2011 年

松山·韩蓉非洲艺术收藏博物馆位于长春世界雕塑园东北角，最初设计项目为长春非洲马孔德木雕艺术博物馆，主要展览李松山、韩蓉夫妇于 2003 年和 2010 年两次无偿捐赠给长春的 12500 件非洲马孔德木雕艺术品。博物馆由何镜堂院士团队主持设计，设计项目还包括入口大门、景墙、卵石池等景观环境设计。

博物馆规模不大，只有两层，设有"艺术非洲""魅力非洲"和"黑色非洲"三大展厅。设计上将展示空间和辅助空间设计为两个穿插叠加的空间体量，将藏品库房、临时展厅、多功能会议厅等放在首层，将大空间展厅设置在二层，以便于布置高大的木雕展品。

图 1 松山·韩蓉非洲艺术收藏博物馆（2020 年　摄）

博物馆外墙以粗糙的黄色混凝土墙板为主，形成交错斑驳的阴影，再配以红褐色墙面，以回应非洲大陆热情奔放的性格。给人印象最为深刻的还是以小见大的博物馆入口门厅设计，两层高的大厅，一部楼梯直通二层，透过天窗柔和的光线洒在侧墙面的装饰品上，营造出独特的艺术氛围。

图 2　博物馆南侧（2020 年　摄）

图 3　博物馆门厅（2020 年　摄）

98 吉林省科技文化中心

建筑地址：长春市南关区永顺路 1666 号
保护等级：标志性建筑
方案设计：德国 GMP 国际建筑设计有限公司
施 工 图：吉林省建苑设计集团有限公司
建筑规模：112000m²
结构形式：钢混框架结构
动工时间：2007 年
建成时间：2011 年

　　吉林省科技文化中心原为长春科技文化中心综合馆，即博物馆、美术馆、科技馆，简称"三馆项目"，是吉林省"十一五"重点工程，也是吉林省多年来政府投资建设的最大的公共项目，项目占地 100000m²，总建筑面积 112000m²，投资 10.8 亿元。随着项目的建设，其组成也发生了调整变化，更名为"吉林省科技文化中心"，由吉林省博物院、吉林省科学技术馆和中国光学科学技术馆三馆组成。

图 1　吉林省科技文化中心北侧（2020 年　摄）

吉林省科技文化中心是 2006 年通过设计竞赛确定的设计方案，德国 GMP 国际建筑设计有限公司曼哈德·冯·格康主持的设计方案获得一等奖。三座展馆平面均为 81m 见方的正方形，三座立方体建筑呈"品"字形错位排列，高低错落，极具雕塑感。展馆内部"十"字形的大厅及空中桥梁具有强烈的视觉冲击力，但也给冬季供暖带来难题。

三座独立的建筑立方体通过地下空间连接在一起，建筑外立面和开窗细节上富于变化，也避免阳光直射展厅，8.1m 的层高便于布置各种展览。吉林省科技文化中心设计项目获得 2013 年"中国建筑设计奖"银奖，经过多年的布展，于 2016 年后逐渐开放。

2016 年 4 月，吉林省博物院面向社会开放试运行，地上 5 层，建筑面积 32000m²，其中包含陈列展览区、藏品库房区、文物保护技术区、公众服务区和办公区等五部分。

2016 年 4 月，吉林省科学技术馆正式对社会开放，地上 6 层，建筑面积 43000m²，其中包括动手实践区、4D 影院、球幕影院、多功能厅、会议室、实验室等。

2017 年 2 月，长春中国光学科学技术馆正式对公众开放，地上 3 层，建筑面积 19000m²，设有光的未来等 7 个常规展厅，以及军工展厅和光学图书馆、光学实验室项目，总投资 4.2 亿元。

图 2　三馆主入口（2020 年　摄）

图 3　吉林省科技文化中心西侧（2020 年　摄）

图 4　吉林省博物馆（2020 年　摄）

图 5　建筑外墙局部（2020 年　摄）

99 长春市规划及文化综合展馆

建筑地址：长春市南关区谊民路与华新街交会处
保护等级：标志性建筑
建筑设计：中国建筑设计院有限公司第六建筑工作室
建筑规模：63000m²
施工单位：中国建筑第六工程局有限公司
结构形式：钢混框架 + 钢桁架结构
动工时间：2012 年
建成时间：2016 年

长春市规划及文化综合展馆位于市区南部，由长春城市馆、长春美术馆和长春博物馆三部分组成，三馆项目是长春市的十大重点工程，占地面积近 7.4 万 m²，建筑面积 6.3 万 m²，其中规划展览馆建筑面积约为 2.7 万 m²。

长春市规划及文化综合展馆主创设计为中国建筑设计院有限公司崔愷院士团队，建筑寓意为"流绿都市中绽放的城市之花"，建筑主体由三组花瓣环绕而成，建筑造型向上散开，建筑结构斜向出挑巨大，产生强烈的视觉冲击力。

图 1 长春市规划及文化综合展馆（2020 年 摄）

建筑采用双曲面钢结构及复合钢混结构，辅助 BIM 技术设计施工，并应用大量新技术、新工艺和新材料。建筑外墙由淡金色金属幕墙和玻璃幕墙交替组成，在建筑夜景观设计上以"长春的旋律"为主题，夜晚会呈现出梦幻般的色彩变化。

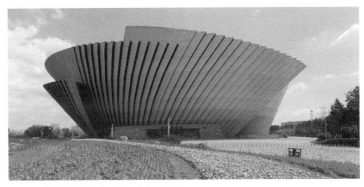

图 2 西侧长春城市馆入口（2020 年 摄）

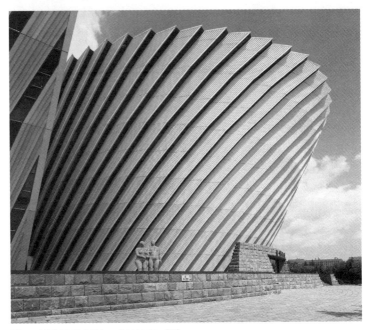

图 3 南侧长春美术馆入口（2020 年 摄）

图 4　长春城市馆门厅（2020 年　摄）

图 5　建筑局部（2020 年　摄）

100　长春雕塑博物馆

建筑地址：长春市南关区亚泰大街与南环城路交会处西北角
保护等级：标志性建筑
建筑设计：杭州中联筑境建筑设计有限公司
施工单位：吉林建工集团有限公司
建筑规模：18858m²
结构形式：钢混框架结构
动工时间：2016 年初
建成时间：2017 年 8 月

　　长春雕塑博物馆位于亚泰大街与南环城路交会处西北角，由程泰宁院士团队主持设计，也是程院士在长春的第一件作品。博物馆地上 3 层，地下 1 层，1 层为门厅、礼仪大厅、陈列临展等，夹层为展厅、办公管理用房，2 层为展厅、报告厅及办公管理用房，顶层为大展厅，建筑利用天窗为雕塑的展陈营造了良好的光环境。

　　同何镜堂院士设计的博物馆一样，长春雕塑博物馆的墙面依然采用拉槽斧剁石材，通过形体穿插、体块进退和虚实对比如同巨石破土而出，极具雕塑感。为了减少建筑的体量感，利用场地的地势，将 1/4 的面积放到了地下，同时还充分考虑自然采光通风，中央大厅和车库采用导光管系统、雨水回收系统、地面渗水透水系统，室外景观设计和雕塑布置很好地迎合了场地环境，使建筑与环境相互衬托、相得益彰。

　　长春雕塑博物馆是长春世界雕塑园的重要组成部分，主要用于雕塑作品展览和国内外艺术交流活动，该工程曾获得"2018 年度吉林省优质工程"一等奖。

图 1 长春雕塑博物馆（2020 年 摄）

图 2 长春雕塑博物馆东侧（2020 年　摄）

图 3　长春雕塑博物馆西侧（2020 年　摄）

图 4　长春雕塑博物馆局部（2020 年　摄）

吉林市

一、吉林市建筑发展概述

　　吉林市位于吉林省中部偏东，长白山脉向松嫩平原过渡地带的松花江畔，西距长春市只有100多千米，是国内唯一一个省市同名的城市。吉林市四面环山，三面环水，松花江蜿蜒穿城而过，"城市由江而来，沿江而走，依江而展，为江而美"，有山有水构成了吉林市山水城市的独特魅力，丰富多变的地貌环境为这里提供了优越的自然环境：水系发达，气候宜人。作为满族的重要发祥地之一，吉林市满语称为"吉林乌拉"，意为沿江之城，因此吉林市又有"北国江城"之称，清顺治十三年（1656年）在吉林建船厂造船，后又设水师营，因此吉林又有"船厂"的别名，现有市区人口200万。

　　吉林市历史悠久，作为第三批国家历史文化名城，是吉林省最早获得这个荣誉称号的城市之一。吉林市具有完整的古代城市发展历史，这里有高句丽时期的龙潭山山城遗址，明朝在吉林地区设立卫所并在松花江上设厂造船。清顺治、康熙年间先后修筑了两条柳条边墙以保护龙兴之地，吉林位于老边外，新边内。清康熙十五年（1676年），宁古塔将军移驻吉林，吉林成为仅次于盛京（今沈阳）的东北区域政治、经济、军事和文化中心；清乾隆二十二年（1757年），宁古塔将军改称"吉林将军"；光绪三十三

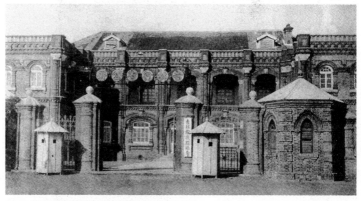

图1　吉林行省公署旧址《吉林旧影》

图 2　吉林城（远处为临江门和松花江）《吉林旧影》

年（1907 年），清政府宣布设立奉天、吉林、黑龙江行省，吉林行省公署仍设在吉林城。

　　吉林古城依水而建，因松花江蜿蜒而成，由最初的夯土城墙改为外砌城砖，建有临江门、德胜门、东莱门、朝阳门等城门，这些城门在 20 世纪二三十年代因为城市扩建而陆续被拆除，至今还保留有临江门等地名。

图 3　德胜门旧址《吉林旧影》

图 4　小白山望祭殿旧址《吉林旧影》

图 5　北大街清真西寺旧址《吉林旧影》

图 6　东洋医院旧址《吉林旧影》

清王朝对满族发祥地长白山有200余年的祭祀历史，由于长白山路途遥远，特选址在吉林市西南郊的小白山建造瞭望祭殿，在这里遥祭长白山神。望祭殿始建于清雍正十一年（1733年），五开间的望祭殿采用周围廊，歇山式屋顶。小白山下的"白山鹿囿"曾经是历史上"吉林八景"之一。

吉林古城沿江而建，保持着中国传统古代城市的面貌，这里有规模庞大的文庙和关帝庙，佛寺道观众多。特别值得一提的是，吉林市的满族和汉族传统民居，以四合院和三合院为主，其中以吉林著名商人牛子厚位于三道码头的府邸为代表，许多大型府邸都有多进院落，砖石木雕刻十分精美。

吉林市也是一个多民族聚居的城市，除了传统的佛教寺院、道教宫观之外，还有历史悠久的清真寺，这里是当地回民的宗教活动场所。据统计，20世纪40年代吉林市共有回民5000余人，北大街清真西寺（始建于1737年，共有建筑70多间，1996年拆除，建设了新的清真寺）采用中国传统建筑样式建造。

天主教在19世纪末就已经传入吉林市，其影响也非常大，除了著名的江沿天主教堂外，还有江南的圣母洞教堂。

图7　吉长铁路吉林站旧址《吉林旧影》

随着近代时期吉林的开埠，外来影响也越来越大，1923 年建造的东洋医院（1999 年拆除）以八角重檐攒尖顶的造型而引人注目，建筑入口前还有一对兼作为路灯杆的华表。1927 年修建的位于河南街上的和兴隆百货店（1994 年毁于火灾）高 3 层，规模庞大，装饰华丽，吉林各地同期的商业建筑都无法与之相提并论。

东北的近代城市大都因铁路而兴。随着中东铁路南部支线的修筑，哈尔滨、大连等城市从无到有，长春也因铁路而快速发展，作为省城的吉林市也急于建造自己的铁路。随着吉长铁路、吉海铁路和吉敦铁路的建设，吉林市的城市发展也不断加快，为了兴办教育，1929 年开办了吉林省立大学，这应该是吉林境内第一所公立大学。为了解决城市用水问题，还建设了自来水公司和北山蓄水池，通过 30 处售水亭向市民供水。

清光绪七年（1881 年）清政府批准建立吉林机械局，主要用于生产枪支弹药，以抵御沙俄等外来势力的军事压力，吉林机械局的建设也拉开了东北近代工业发展的帷幕。

"九一八"事变后吉林市很快就被日本人占领，伪满时期吉林市最重要的建筑是 1935 年建成的吉林铁路局，近 12000m² 的建筑规模也是吉

图 8　吉林铁路局旧址《吉林旧影》

林市有史以来规模最大的一栋建筑，绿色琉璃瓦的檐口加上两端四角攒尖顶的亭子都与吉林古城风貌相协调。

1940年建成的跨越松花江的吉林大桥全长400多米，终于将松花江南北两岸连接在一起。

1943年开始发电的丰满水电站更是为吉林市的工业发展奠定了坚实的基础。由于水源充足，加上电力充沛，通过制定五年产业计划，吉林市开始向近代工业城市转型，化工、水泥和造纸等生产企业不断出现，例如大同洋灰水泥株式会社、吉林人造石油株式会社、东洋精麻加工业株式会社、"满洲特殊制纸株式会社"等。

中华人民共和国成立后，吉林市现代工业建设取得了令人瞩目的成绩，"一五"时期，苏联援建的156个重点工程项目中，吉林市就有7项，初步形成了吉林市以化工生产为主体的工业城市定位，为中国的工业建设作出了重要贡献。1954年，吉林省省会从吉林市搬迁到长春市，吉林市的城市发展也翻开了崭新的篇章。

图9 美丽的江城——吉林市夜景

二、吉林市建筑漫步

1 吉林文庙

建筑地址：吉林市昌邑区文庙胡同南昌路 2 号
保护等级：国家级文保单位
建筑规模：三进院落
结构形式：木构架
建造时间：1907 年

吉林文庙始建于清乾隆元年（1736 年），1742 年建成，位于当时吉林旧城东南角，之后又经历过多次增建、扩建和重修。

清光绪三十三年（1907 年）在现址重建吉林文庙，至宣统元年（1909年）现有主体建筑基本建成。1920 年吉林省督军兼省长鲍贵卿主持重修文庙，历时三年，增建了照壁、"文武官员到此下马"石坊、棂星门、东西辕门等建筑，辕门上悬挂着吉林提学使曹广祯书写的"德配天地""道冠古今"匾额，至此吉林文庙重建工程全部完成。

吉林文庙坐北朝南，整个院落东西宽 74m、南北长 221m，依照文庙的传统布局，在中轴线上依次布置了照壁、泮池、状元桥、棂星门、大成门、大成殿，最北端为崇圣殿。

第一进院落内现有长达 40m 的照壁（设有南门）、泮池、状元桥、棂星门（高 5.67m）、大成门、东西辕门（高 8.12m），东官厅兼做祭器库和省牲亭，西官厅兼做乐器库和神厨，以及名宦祠和乡贤祠等建筑。其中东西官厅为 7 开间，名宦祠和乡贤祠为 3 开间，均为硬山式屋顶并有前出廊，青砖墙体，灰瓦盖顶。大成门面阔 5 间，高 13.38m，单檐歇山式屋顶，明黄色琉璃瓦。

第二进院落主要有东西配殿和大成殿，其中东西配殿面阔 9 间，为硬山式屋顶并有前出廊，青砖墙体，灰瓦盖顶。吉林文庙最为重要的建筑是大成殿，其建筑形制比较高，大成殿面阔 9 间，进深 4 间，采用周围廊，重檐歇山式屋顶明黄色琉璃瓦。

图2 照壁外侧（王烟雨提供，2013年 摄）

图1 吉林文庙鸟瞰（王烟雨提供，2013年 摄）　　图3 泮池（王烟雨提供，2013年 摄）

图4 吉林文庙棂星门（王烟雨提供，2013年 摄）

第三进院落主要建筑是崇圣殿，也是吉林文庙中轴线上最后一座建筑，崇圣殿面阔 7 间，有前出廊，单檐歇山式屋顶，明黄色琉璃瓦。

2008 年开始，历时 5 年，吉林文庙经历了始建以来规模最大的一次修缮，修缮范围包括了文庙所有的文物建筑、碑刻石雕以及院落环境整治。

吉林文庙是吉林省保存最完整、规模最大、建筑等级最高、采用中国传统技艺建造的古建筑群，号称中国"四大文庙"之一，在建筑装饰细节中体现了东北传统文化的特色。

图 5　吉林文庙西辕门木牌坊（王烟雨提供，2013 年　摄）

图 6　吉林文庙大成门（王烟雨提供，2013 年　摄）

图 7　吉林文庙大成殿（王烟雨提供，2013 年　摄）

图 8　吉林文庙大成殿内景（王烟雨提供，2013 年　摄）

2 吉林观音古刹

建筑地址：吉林市船营区昆明街3号
文保等级：省级文保单位
建筑规模：一进院落
结构形式：木构架
建造时间：1770年

　　吉林观音古刹是吉林市规模较大的佛教寺庙之一，始建于清乾隆
三十五年（1770年）。由于寺庙位于华南胡同与昆明街交叉的锐角三角形
地块内，因此不得不采用坐南朝北的倒座形式，据说是国内唯一一座坐南
朝北的佛教寺院。

　　吉林观音古刹山门朝北，为硬山式屋顶，小青瓦仰瓦屋面，3开间，
建筑尺寸高大，屋顶坡度很陡，正脊和正吻尺度高大。山门正面有清同
治年间重建时的石雕刻字，后面有天王殿牌匾，内有四大天王像塑像，
山门两侧设拱形门洞。

图1　观音古刹山门（王烟雨提供，2013年　摄）

穿山门而入，眼前是狭长的院落空间，两侧为钟鼓楼，四角攒尖顶，檐角飞翘，东西厢房分僧舍和客房。

院落最南端就是正殿观音殿，观音殿位于院内正中，3开间，尺寸高大，平面的进深尺寸远大于开间尺寸，为硬山抱厦式。前面抱厅用卷棚歇山顶与硬山式观音殿连造，12柱落地，没有围护墙体，这种通透的抱厅在寒冷的吉林很少见。抱厅与殿堂的排水采用木制明沟的排水形式，上面有彩绘图案，与其他建筑构件融为一体。

正殿东侧有五间藏经殿，内藏《经藏》《律藏》《论藏》三大藏经。西侧为法堂，法堂内供奉地藏王菩萨。

1998年后，在山门北侧临路口修建了两层的仿古大殿，下面开设一座拱门作为出入口。吉林观音古刹虽然规模不大，建造时间也不是很久远，但因该寺现藏有清雍正十三年（1735年）木版本《大藏经》15柜共720函而闻名海内外，据介绍这种《大藏经》国内现存仅两套。

图2　山门南侧的天王殿和两侧的钟鼓楼（王烟雨提供，2013年　摄）

图3 观音殿及前面的抱厅（2013年 摄）

图4 观音殿前的抱厅（王烟雨提供，2013年 摄）

图 5　观音殿东配殿（王烟雨提供，2013 年　摄）

图 6　观音殿北侧新建的大殿（王烟雨提供，2013 年　摄）

3 北山玉皇阁

建筑地址：吉林市船营区北环山路 25 号北山公园内
文保等级：省级文保单位
占地面积：5124m²
结构形式：木构架
建造时间：1776 年

吉林北山是一处以自然山水为特色的风景名胜地，因其地势高耸，很早就成为吉林市宗教活动的中心，吉林北山庙会非常热闹，各地游客纷至沓来，有"千山寺庙甲东北，吉林庙会胜千山"的美誉。吉林北山寺庙群不拘一格，集佛、道、儒于一体，至今仍保留有多处古代寺观，其中玉皇阁是规模最大、位置最高的一组古代建筑群。

据史料记载，玉皇阁始建于清乾隆四十一年（1776 年），1926 年重修，至今仍保持重修后的规模。玉皇阁由两进院落组成，依山势布置，前低后高。院落平面呈矩形，有着明显的中轴线，但两进院落进深都非常浅。

玉皇阁前院由山门、钟鼓楼及祖师庙、观音阁、老君殿和胡仙堂组成；后院由正殿"朵云殿"和两侧配殿组成，为传统的道观布局。

图 1　玉皇阁山门及两侧的钟鼓楼（2013 年　摄）

山门采用传统寺庙的常用做法，为 3 开间屋宇式大门，屋顶为硬山式两坡顶，大门北侧朝内院完全敞开，门内摆放四大天王塑像。受场地限制，钟、鼓楼没有布置在前院中轴线两侧，而是在前院两侧角部建高台方亭。

进入山门，迎面是一座 3 开间的木牌坊，强调了第二进院落的入口标志，牌坊正中悬挂"天下第一江山"横额，这座木牌坊曾经是吉林市的标志性建筑。牌坊两侧有东西殿堂，在东侧布置祖师殿和观音殿，在西侧布置老君殿和胡仙堂。其建筑物都为前廊式两坡硬山顶。

后院正殿为朵云殿，共两层面阔 3 间，是整个建筑群中体量最大、装饰最华丽的建筑，建筑檐下彩绘色彩华丽，透雕雀替尺寸硕大。1926 年时任吉林军务督办兼省长张作相主持重修朵云殿，将原来的两坡硬山式屋顶改为现在的歇山式屋顶，多了几分华丽，却少了原有的质朴，更破坏了其整体感。

吉林北山玉皇阁建筑群布局严谨，充分利用山势地形，既强调了严格的对称统一，又高低错落富于对比变化。

图 2　玉皇阁木牌坊正面（2013 年　摄）

图 3　玉皇阁木牌坊背面（2013 年　摄）

图 4　改造前的玉皇阁朵云殿（《吉林旧影》）

吉林市

图 5　玉皇阁朵云殿（2013 年　摄）

图 6　玉皇阁朵云殿雀替及彩画（2013 年　摄）

图 7 玉皇阁后院东厢房（2013 年 摄）

图 8 玉皇阁后院西厢房（2013 年 摄）

图 9　玉皇阁前院西侧的老君殿胡仙堂（2013 年　摄）

图 10　玉皇阁前院的观音阁及关公殿（2013 年　摄）

4 北山坎离宫

建筑地址：吉林市船营区北环山路 25 号北山公园内
文保等级：省级文保单位
占地面积：335m²
结构形式：木构架
建造时间：1897 年

吉林北山坎离宫位于吉林市北山山顶，玉皇阁的南侧，为北山寺庙群四个主要组成部分之一，也是四组建筑中规模最小的一个。据史料记载：北山坎离宫始建于清光绪二十三年（1897 年），光绪三十四年（1908 年）和民国 5 年（1916 年）两次重修，原为道教活动中心，现为佛教寺庙。

北山坎离宫空间布局紧凑，尺度适宜，留有许多传统民居的影了，几乎方形的院落，正殿和东配殿组成两合院，入口大门设计精巧，中间门楼处开有拱门，两侧墙门原为方形门洞，上面是花墙，近期改为拱形门洞，与主门更为协调。

图 1 坎离宫山门（2013 年 摄）

正殿为 3 开间，屋脊及正吻尺度高大，前面有 3 开间的卷棚抱厅。正殿主祀日、月神，两侧配祀土地、山神、龙王、雷公和火德神等。东配殿为 3 间，硬山两坡顶，有前出廊。

如今坎离宫正殿已经改称"大雄宝殿"，内部奉祀西方极乐世界阿弥陀佛，以及观世音菩萨和大势至菩萨，殿外奉祀伽蓝菩萨和韦陀菩萨。

图 2　坎离宫内院及东配殿（2013 年　摄）

图 3　坎离宫正殿——大雄宝殿（2013 年　摄）

5 北山关帝庙

建筑地址：吉林市船营区北环山路 25 号北山公园内
文保等级：省级文保单位
占地面积：2801m²
结构形式：木构架
建造时间：1701 年

　　北山关帝庙位于北山山顶，药王庙的南侧，这里可以俯瞰山下的城区，是吉林市北山古建筑群中修建年代最早的一组建筑，始建于清康熙四十年（1701 年），之后历经多次改建和扩建。

　　由于受山形地势的影响，关帝庙在平面布局上没有采用中轴线对称的传统方法，而是依山就势，采用自由组合的布局。关帝庙的入口处利用高差变化设置了沿墙而上的大台阶。进入山门，庙中正殿位于对面偏东一侧，既占据了庭院中最高的位置，又展示出最有表现力的建筑形象。

　　正殿为供奉关羽的大殿，大殿面阔 3 间，有前出廊，硬山式屋顶，月台之上有一座 3 开间卷棚歇山顶的巨大抱厦。正殿东侧为地藏寺（原为翥

图 1　远眺关帝庙山门及北山寺庙群（2013 年　摄）

鹤轩），西侧为暂留轩，与正殿形成不等距的布置，为后面的药王庙留出了通道和台阶。近年拆除了暂留轩，新建了 5 开间重檐歇山顶的大雄宝殿，破坏了原有院落的空间尺度，截断了来往药王庙的路线。

图 2　关帝庙正殿（2013 年　摄）

图 3　关帝庙正殿卷棚彩画（2013 年　摄）

关帝庙正殿的戏台和钟鼓楼遭人为破坏损毁严重，近年恢复了钟鼓楼，并将残存的戏台改为"天王殿"，其东南墙面巨大的"佛"字在山下的广场上都能够看到，也成为吉林北山新的地标。

图4　关帝庙正殿后院的东配殿（王烟雨提供，2013年　摄）

图5　关帝庙正殿后院的西配殿（王烟雨提供，2013年　摄）

图 6　关帝庙西侧新建的大雄宝殿（王烟雨提供，2013 年　摄）

图 7　关帝庙山门历史照片（《吉林旧影》）

6 北山药王庙

建筑地址：吉林市船营区北环山路 25 号北山公园内
文保等级：省级文保单位
占地面积：1475m²
结构形式：木构架
建造时间：1738 年

北山药王庙，又称"三皇庙"，位于北山山顶，坎离宫的南侧。药王庙始建于清乾隆三年（1738 年），乾隆五十二年（1787 年）和光绪十三年（1887 年）先后经历过两次重修。现有正殿 3 间，东西配殿各 3 间，西侧有眼药池、春江山阁。

药王庙有南北两座大门，北侧大门与坎离宫相对，其设计风格也与之相似；出南门下一个大台阶可以直通关帝庙。

正殿与南门及南侧的关帝庙在一条轴线上，正殿面阔 3 间，硬山式屋顶，前面有一座进深巨大的卷棚抱厅，使正殿呈现纵深式的空间特征。正殿两侧对称设置东西配殿，配殿为 3 开间硬山式屋顶，有前出廊，与正殿一起围合成一个三合院。

图 1 药王庙北侧山门（2013 年 摄）

北山药王庙在总体布局上都沿用了东北地区的传统做法，庭院空间开敞，建筑采用清水磨砖墙，灰板瓦屋面，局部用筒瓦在屋面两端镶边，只有木构件表面施以浓重的彩绘。黄昏时节的"药庙晚钟"曾经是历史上"吉林八景"之一。

图 2　药王庙正殿及东配殿（2013 年　摄）

图 3　药王庙南门及大台阶（2013 年　摄）

7 北山揽月亭

建筑地址：吉林市船营区北环山路 25 号北山公园内
建筑性质：标志性建筑
建筑设计：吉林市城建局赵化敦
施工单位：吉林市政工程公司
建筑规模：高 28m
结构形式：钢混框架结构
建成时间：1976 年

吉林北山揽月亭位于北山寺庙群东侧的北山山顶之上。据资料记载：《诗刊》1976 年 1 月号首次发表了毛泽东主席《水调歌头·重上井冈山》，受诗词中"可上九天揽月"的影响，将同年竣工的北山观景亭命名为"揽月亭"。

揽月亭位于北山的东峰峰顶，这里居高临下可以俯瞰吉林市区。名为亭，实为阁，揽月亭建筑面积达到 1300m²，高达 28m，共分为 4 层。

图 1　北山揽月亭（2013 年　摄）

揽月亭平面为八边形，底层为餐厅，2~4层为观景平台，3层观景平台外侧采用仿汉白玉的白色栏杆，屋顶及檐口采用黄色琉璃瓦并用绿色琉璃瓦剪边，形成八角重檐的攒尖顶。

北山揽月亭位于山顶的最高点，加上"亭踞山上，山在城中"，使其成为附近多条城市街道的对景，也成为20世纪70年代末吉林市的标志性建筑，留在许多人的纪念照中。

图2　北山揽月亭历史照片

8 吉林省立大学旧址

建筑地址：吉林市船营区长春路 169 号
保护等级：国家级文保单位
建筑设计：联合营造事务所
建筑规模：三栋建筑 9688m²
结构形式：石混结构
建成时间：1931 年

　　吉林省立大学旧址现位于东北电力大学校园内。据《吉林风物志》记载：1929 年，吉林省督军张作相要开办一所大学，请了梁思成（当时任东北大学建筑系主任）等人设计，在当时吉林市西郊八百垅开工建校，1931 年 7 月校舍竣工，共建宗 3 座石楼，1 座学生宿舍楼，1 栋实验楼，19 栋教工宿舍和 1 座学校大门。

　　"九·一八"事变后刚刚建成的吉林省立大学即宣布关闭，伪满时期这里曾先后为吉林省立第一师范学校、"满洲国立高等师范学校"、师道高等学校等学校使用，目前 3 座石楼保存完好，为东北电力大学的办公楼和教学楼。

　　梁思成、陈植、童寯三人从清华学堂毕业后，先后进入美国宾夕法尼亚大学学习建筑学专业，并获得硕士学位。1928 年梁思成回国后即被东

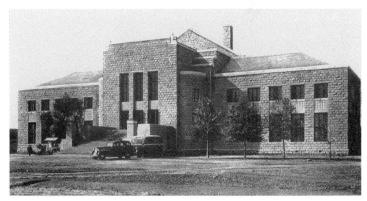

图 1　1938 年主楼历史照片（《吉林旧影》）

北大学聘请为建筑系主任，之后陈植、童寯回国后也先后来此任教。

蔡方荫 1928 年毕业于美国麻省理工学院土木工程专业，并获得硕士学位，1930 年回国后也在东北大学任教，期间成立了"梁思成、陈植、童寯、蔡方荫联合营造事务所"，四人一起共事只有一年多时间，吉林省立大学新建建筑应该是他们合作的第一个设计项目。

梁思成、陈植、童寯后来都成为中国著名的建筑教育家和建筑大师，蔡方荫后来成为国内著名的结构工程领域的专家，还发明了混凝土的缩写"砼"字。从目前存档的礼堂、图书馆房顶结构图上可以看到"荫绘"的字样，图纸上标注的设计时间是民国 20 年 1 月 11 日（1931 年 1 月 11 日）。

三座石楼呈"品"字形布置，朝向东南向。主楼二层，建筑面积 3184m^2，最初为学校的礼堂和图书馆。主楼门前建有一座石台阶直接上到一层半，然后通过室内门厅再上到二层或下到一层。主楼外墙面用粗糙的花岗石做饰面，凸凹明显，局部用平滑的花岗石，在入口上方女儿墙两端有石雕的正吻造型。

主楼前有两座对称的配楼，每座建筑面积 3252m^2，同主楼一起形成一个广场，配楼入口上方的女儿墙两端也有与主楼相似的正吻石雕，中间部分的墙面用粗糙的花岗石饰面，两侧立面则按"三段式"进行处理，下部用粗糙的花岗石，中间用平滑的花岗石饰面并做出壁柱，檐部则采用了唐代"人字拱"的造型作为装饰构件。

图 2　主楼历史照片（1996 年　摄）

图 3　主楼现状（2014 年　摄）

图 5　主楼门厅梁柱细部（2014 年　摄）

图 4　主楼门厅楼梯（2014 年　摄）

图 6　主楼正吻细部（2014 年　摄）

三座石楼利用同种材料的不同质感进行表现，加强了建筑群体的完整性，体现了简洁、质朴的建筑风格。由于建筑墙体全部使用石头砌筑，也被后人俗称为"石头楼"。

2017 年国家投资对三座石楼进行了加固和维修，并降低了多年来增加的室内外地面标高，基本恢复到最初的建筑形象。建筑群屋面最初设计时为内排水，后来被改为外排水，对建筑墙面和局部装饰构件破坏比较大，这次修缮重新恢复了原有的内排水形式。

图 7　东侧配楼（2014 年　摄）

图 8　西侧配楼入口（2014 年　摄）

9 吉海铁路总站旧址

建筑地址：吉林市船营区新生街 22 号
保护等级：国家级文保单位
建筑设计：W.F.Chai 等
建筑规模：塔楼高 28.7m
结构形式：钢混结构
建成时间：1929 年

据史料记载：吉海铁路自吉林市北山站起，经黄旗屯站（吉海铁路总站）至辽宁省海龙县朝阳镇，简称"吉海铁路"。吉海铁路 1927 年 6 月 25 日动工，1929 年 5 月 15 日正式竣工通车，但由于场地所限，吉海铁路总站并没有设在北山下的起始站，而是设在了西郊的黄旗中，伪满时期改名为"黄旗屯站"，1987 年更名为吉林西站并一直使用至今。

吉海铁路总站旧址主要由站房和塔楼两部分组成，建筑造型变化丰富，折线的山花造型中间是西方古典的拱形窗。塔楼高 28.7m，8 组 16 根罗马复兴式的爱奥尼柱式支撑起的穹顶展现出巴洛克的建筑气质。建筑主体外侧贴粗糙的红棕色花岗石，其他部位为水泥砂浆抹面外刷浅色涂料，屋顶为水泥瓦，局部半球形屋顶为铁皮瓦。

图 1 吉海铁路总站历史照片（《吉林旧影》）

谈到吉海铁路总站常常要提及 1912 年建成、1992 年拆除的津浦铁路济南火车站，两个车站的整体造型有些相似，但是规模与风格却有很大差别。

　　关于吉海铁路总站的设计师民间有许多说法，有关专家学者专门做了考证，存档图纸上的签字分别为 W.F.Chai、J.C.Tou、C.H.Wang、S.Hsü 等人，并由此推断吉海铁路总站主持设计师为清华学堂毕业后留学美国的翟维沣。

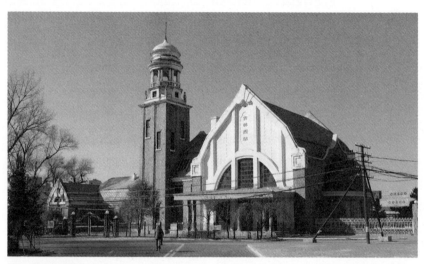

图 2　吉海铁路总站旧址（2014 年　摄）

图 3　吉海铁路总站旧址塔楼（2014 年　摄）

图 4　吉海铁路总站旧址局部（2014 年　摄）

10 吉林天主教堂

建筑地址：吉林市船营区松江中路 3 号
保护等级：国家级文保单位
建筑规模：尖塔高 45m
结构形式：砖木结构
动工时间：1917 年
建成时间：1926 年

吉林天主教堂又叫作"江沿天主教堂""吉林市松江路教堂"，是吉林省现存建筑规模最大、历史最悠久的一座近代时期建造的教堂。这里位于松花江北岸的岗地上，南侧紧邻宽阔的松花江，教堂高高的尖塔使其成为吉林市近代时期最具标志性的建筑。

据史料记载，清光绪二十四年（1898 年），法国巴黎天主教外方传教会神甫兰禄业等人来到吉林传教，于光绪二十八年（1902 年）购置了现在教堂所在的土地。天主教堂由法国巴黎天主教外方传教会委托设计，奉天盖平的建筑工匠负责施工，于民国 6 年（1917 年）动工，民国 15 年（1926 年）建成，整个工程建造历时 9 年才完成。

吉林天主教堂采用定制的大块青砖砌筑，局部为本地产的灰黄色花岗石做装饰构件。从外观上看，双圆心的尖券表现出明显的哥特式建筑的风格，由于教堂只有一座高塔，中间为钟楼，圆形的玫瑰窗只能放在两侧的侧廊上，尺寸也受到很大的限制。为了衬托中间高高的钟楼，在钟楼两侧增加了两座尖塔。从平面布局上看，东西两座侧堂居于教堂中间位置，形成了希腊十字的空间形式；从内部空间上看，设计和建造都非常精美，室内采用整根的花岗石石柱，石柱之上再发双圆心的砖券形成肋架拱，侧廊及上面的两层侧窗提供了充足的阳光，肋架拱上面为木屋架构成的坡屋顶，这种做法和巴黎圣母院相似，由于屋顶荷载比较小更便于建造。

在吉林天主教堂始建 100 年之际，2017 年国家投资对教堂及东侧的神甫楼进行了建成以来最大规模的复原修缮和结构加固。

图 1　教堂及神甫楼鸟瞰（付茂林提供，2017 年　摄）

图 2　天主教堂内部大厅（2017 年　摄）

11 吉林机器局旧址

建筑地址：吉林市昌邑区江湾路 204 号
保护等级：国家级文保单位
建筑规模：占地 197000m²
结构形式：砖木结构
建成时间：1883 年

  吉林机器局位于现在吉林市东部的江湾路 204 号，当地人俗称"东局子"，是东北地区第一家近代工业建筑，也是清末洋务运动中东北地区唯一的兵工厂，是吉林近代建筑的开端。

  吉林机器局是边务大臣吴大澄为供应吉林、黑龙江两省武器弹药，于光绪七年（1881 年）奏准修建的，1882 年 4 月动工兴建，1883 年 10 月吉林机器局正式竣工投产，1886 年工厂全部建成。

  吉林机器局旧址为长方形院落，占地面积 19.7 万 m²，中部为厂房，西部为公务房，东部是表正书院，一期建成后总共有大小房屋 227 间，南侧门楼上写有"吉林机器局"，后改为"吉林军械厂"，工厂厂房为青砖砌筑，屋顶采用人字屋架并开有天窗。

图 1　被日军占领的吉林军械厂

光绪二十六年（1900 年）九月二十二日，沙俄军队占领了吉林城，捣毁了吉林机器局。1928 年吉林督军张作相重修军火仓库和南大门，增建了碉堡并更名为吉林军械厂，次年工程竣工。1931 年"九一八"事变后工厂内的设备全部被拆走，并将这里改为日军守备队驻地，中华人民共和国成立后曾为江北机械厂使用。

　　目前仅存厂房三栋，门楼一座，碉堡两处。2011 年吉林市政府出资对其进行修缮，厂房部分进行了结构加固，墙面损坏的青砖进行了挖补替换，更新了木屋架糟朽的部分，最大限度地保存了文物建筑的历史信息，赋予了其新的使用功能。

图 2　正在修复的厂房（王亮提供，2011 年　摄）

图 3　厂房及院落
（王亮提供，2011 年　摄）

图 4　厂房木屋架
（王亮提供，2011 年　摄）

三、乌拉街清代建筑群

乌拉街满族镇位于吉林市北部，西邻松花江，南距吉林市 35km，是满族的主要发祥地之一，当年这里曾经是商贾云集的地方，一向有"先有乌拉，后有吉林"之说。

清顺治十四年（1657 年），乌拉古城设立打牲衙门，负责向清朝皇家供奉东北特产，曾有"乌拉城远迎长白，近绕松江乃三省通衢"的赞誉。直到 20 世纪 20 年代初期，乌拉街古城依然保持着较为完整的古代城镇形态。乌拉街满族镇也是目前吉林省传统民居最为集中，保存最完整，形制最高，建造历史最悠久的区域。

2008 年 12 月乌拉街满族镇被列为第四批国家级历史文化名镇，2013 年乌拉街清真寺和萨府、魁府、后府一起，以"乌拉街清代建筑群"之名被公布为全国重点文物保护单位。

图 1　乌拉街镇尚义街（2013 年　摄）

1 乌拉街满族镇清真寺

建筑地址：吉林市龙潭区乌拉街满族镇
保护等级：国家级文保单位
建筑规模：两合院
结构形式：木构架
建造时间：1692 年

乌拉街清真寺位于乌拉街满族镇的西南角，为当地回民捐建的礼拜堂。据统计，20 世纪 40 年代时乌拉街内汉族人比例最高，占到 3/4，满族人和其他少数民族人口相近，仅仅占到当地人口的 1/4。

据史料记载，清真寺始建于清康熙三十一年（1692 年），依照清真寺的传统布局形式，整个院落坐西朝东，以保证信众礼拜时朝向圣城麦加方向，现存正殿和北侧讲堂为原物，对厅、大门等其他附属建筑均已损毁。

乌拉街清真寺正殿为 5 开间，中间 3 间有突出的抱厅，形成"凸"字形的平面布局，建筑前面设有月台，歇山式屋顶仰瓦屋面，屋檐出挑和起

图 1　乌拉街清真寺入口大门（2013 年　摄）

翘较大。北侧讲堂面阔 5 间，设有前廊，两侧有拱形门洞，屋顶为硬山顶仰瓦屋面，两端用三垄合瓦收边。

乌拉街清真寺是乌拉街镇唯一幸存的寺庙建筑，虽然经历过多次修整和改建，仍具有较高的历史与文化价值，体现了当时该地域多民族文化融合的特征。

图 2　乌拉街清真寺正殿（2013 年　摄）

图 3　乌拉街清真寺北侧讲堂
（2013 年　摄）

图 4　北侧讲堂柱廊及雀替
（2013 年　摄）

2 乌拉街满族镇后府

建筑地址：吉林市龙潭区乌拉街满族镇
保护等级：国家级文保单位
建筑规模：两合院
结构形式：木构架
建造时间：1890 年代

后府位于乌拉街满族镇东北角，始建人赵云生于清光绪六年（1880年），任打牲乌拉总管，后府建成于 1890 年代，据说是因其位于小镇北侧，在其他府邸建筑的后面，俗称"后府"并一直沿用至今。

依据 1944 年日本学者藤山一雄发表的乌拉街考察史料来看，"后府"被标注为"打牲乌拉总管衙门"，原为两进的四合院，院落入口大门开在东侧，门外迎面建有"八"字形的影壁墙，影壁中间高，两侧低，并覆有卷棚式屋顶。

进入第一进院落，最南端的建筑为倒座，设有东西厢房，三座建筑与北侧的府邸建筑平面形态完全不一样，应该是别有他用。

走进华丽的垂花门，迈入第二进院落则是另一番景象，迎面是 5 开间的正房，东西两侧各为 5 开间的厢房，均带有前廊，围合成长方形的三合院，由于厢房之间距离较远，使得正房能够完全暴露在内院中，同时也获得更充足的阳光。

在院落西侧留有较大面积的内院，据说曾经是小型私家花园，西北角两开间的下屋应该是仓库或厕所。四周院墙高度略低于檐口，内院垂花门两侧的墙面上布满精致细密的砖雕。

后府建造质量及精美的砖石雕刻在吉林现存传统民居中绝无仅有，遗憾的是经历了 100 多年的风风雨雨，后府目前仅存有正房和一栋西厢房，其他部分均已损毁。

正房外形尺度高大，屋面坡度较陡，采用小青瓦做仰瓦屋面，两侧采用两条合瓦压边，加上滚脊式硬山墙使建筑的屋顶部分更稳重而富于变化，从历史照片中可以清楚地看到正房屋脊上绝布浮雕。博风端部的砖雕十分精美且保存完整，一侧为琴、棋、书、画图案，另一侧为富贵图，"枕头花"砖雕也很精细，但大多已损坏。

"腰花"是吉林传统民居的一大特点，"后府"正房的腰花是一幅"囍"字花篮图，尺寸很大，达 1.5m 见方，堪称一绝，两侧山墙上腰花的花卉图案略有不同，分成 16 块进行拼接。

墙面的磨砖对缝技艺非常高超，正房前廊两侧脚子墙迎风石采用汉白玉浮雕，中部有龙和麒麟图案，上部有花卉和琴、棋、书、画等图案。

图 1　后府正房及西厢房（2013 年　摄）

图 2　后府正房及西厢房（2018 年　摄）

柱下有鼓形的汉白玉柱础，木柱直径为 30cm，上部有透雕燕尾，接枋上有吉祥图案的木刻。

西侧厢房也是 5 开间，有前廊，尺寸比正房小，高度比正房矮，台基的标高也比正房低，砖雕和石雕也较正房简单。

后府是当时乌拉古城府邸建筑中的最高代表，其建造质量、材料的选择及细部的处理都代表吉林满族传统民居的最高水平。从 2013 年开始，历时多年，国家投资对后府进行了复原修缮，并复建了正房两侧的落地烟囱。

图 3　后府正房山墙腰花（2013 年　摄）

图 4　正房北侧博风上的砖雕（2013 年　摄）

图 5　正房南侧博风上的砖雕（2013 年　摄）

图 6　后府正房檐下局部（2013 年　摄）

图 7　正房柱础石（2013 年　摄）

图 8　正房腿子墙石雕（2013 年　摄）

图 9　修复后的西厢房山墙（2018 年　摄）

3 乌拉街满族镇魁府

建筑地址：吉林市龙潭区乌拉街满族镇
保护等级：国家级文保单位
建筑规模：多进院落
结构形式：木构架
建造时间：1875 年

据史料记载，魁府始建于清光绪元年（1875 年），第一任主人王魁福
官至副督统，衣锦还乡后修建此府，因被当地人尊称为"魁大人"，该府
邸就被大家俗称为"魁府"。

魁府位于乌拉街满族镇中部，原为两进四合院，从院落的布置和建筑
特征看，内院的正房和东西两侧厢房为其始建时的建筑，外院厢房、门房
及附属建筑都是后来使用者多次加建的，其建造品质、建筑等级和形制，
以及建筑风格均有差别，内外院的花墙和大门后来被拆除，形成了目前狭
长的大院。

内院正房及东西厢房都是 3 间，但正房的开间尺寸反而小于厢房的开
间尺寸，这是魁府的一个特点，也许是场地有所限制导致的。在高度上正

图 1　魁府院落鸟瞰（2013 年　摄）

房略高于厢房，无论正房还是厢房都设有前廊，正房前廊两侧和厢房前廊北侧均开有拱形门洞，并用木柱连廊连接。

由于正房及厢房尺寸高大且正房只有 3 开间，显得院落空间不太开敞，阳光照射不是很充分。正房及厢房均设有暖格，室内有万字炕，开窗不同于传统满族民居的开窗形式，一个开间内开设两个小窗。魁府的柱间尺寸较一般民居要大，博风上的"穿头花"和"枕头花"虽精细但较简单，建筑风格比较朴素。

魁府是目前乌拉街满族镇传统民居中院落规模最大，保存最为完整的府邸建筑群。

图 2 魁府入口大门（2013 年 摄）

图 3 魁府院内影壁（2018 年 摄）

图 4　魁府院落内景（2013 年　摄）

图 5　魁府院落内景（2018 年　摄）

图 6 魁府正房前廊（2018 年 摄）

图 7 魁府西厢房（2018 年 摄）

吉林市

4　乌拉街满族镇萨府

建筑地址：吉林市龙潭区乌拉街满族镇
保护等级：国家级文保单位
建筑规模：四合院
结构形式：木构架
建造时间：1751 年

萨府位于乌拉街满族镇东南角吉林市第三中学院内。据史料记载，萨府始建于清乾隆十六年（1751 年），是打牲乌拉总管衙门第十三任总管索柱的私人府邸，后来该建筑几易其主，因曾为萨姓富人所有，故被人们俗称为"萨府"。

萨府现为一处坐北朝南的四合院，门房及院落保存基本完好。门房面阔 5 间，硬山顶，屋脊做成断脊，形式独特，这种形式在乌拉街镇并不常见。

正房面阔 5 间，堂屋居中，两侧为东西屋，设有前廊，前廊两侧建有看墙，正房东侧有一座两开间的耳房，无论正房还是厢房其高度同后府和魁府相比都矮了许多。正房屋硬山顶小青瓦作仰瓦屋面，两侧用四条合瓦收头，烟囱直接建在屋顶上。

图 1　修缮前的萨府（2013 年　摄）

东西厢房面阔均为 6 间，疑为二次增建所致，厢房屋顶连接处用三条合瓦过渡，两端用两条合瓦收边。

在乌拉街满族镇的"三府"建筑中，萨府建造时间最早，建筑雕饰也最少，建筑形式也最朴实，是该地早期府邸建筑的代表。

图 2　萨府外观（2018 年　摄）　　图 3　萨府内院（2018 年　摄）

图 4　萨府正房内部隔断（2018 年　摄）

图 5　萨府厢房屋脊局部（2018 年　摄）　　图 6　萨府厢房屋面瓦局部（2018 年　摄）

集安市

一、集安市建筑发展概述

集安旧称"辑安"，1965年更名为"集安"，一直沿用至今。集安位于吉林省的东南部，隶属于吉林省通化市，隔鸭绿江与朝鲜相望，长白山余脉老岭山脉从东北向西南横贯境内，形成了一道天然的屏障，可以有效地抵御北来的寒风，这里气候湿润温和、雨量充沛，获得"北方小江南"的美誉。近些年来的城市建设也刻意营造一种江南的视觉感受。

集安历史悠久，是吉林省最早获批国家历史文化名城的两个城市之一。2004年，高句丽王城、王陵及贵族墓葬被列入《世界遗产名录》，也是吉林省唯一一处世界文化遗产地，这里高句丽时期的古代遗址众多，从平原城到山城，从石头墓到土墓，高句丽时期的古代墓葬达到万余座，其中将军坟等巨石建筑令人震撼，这里主要的建筑遗址相对集中，都在集安市区内及近郊。

来到集安除了参观高句丽时期的古代遗址，还要去参观由齐康院士主持设计的莲花造型的集安博物馆，这里展示了大量高句丽时期的各种文物。

图1　银杏树和白房子成为集安市的独特风貌（2018年　摄）

二、集安市建筑漫步

1 集安丸都山城遗址

建筑地址：集安市山城路 3333 号
保护等级：世界文化遗产
建筑材料：花岗石
建造时间：公元 3 年

丸都山城遗址位于集安市北部，距离集安市中心广场约 4km 的车程，为高句丽时期平原都城——国内城的军事卫城。丸都山城雄踞于长白山余脉老岭山脉的峰峦之上，利用环抱的山势，在山脊之上修筑石头城墙，城墙随山岭起伏错落，海拔高度从 349m 到 652m。整个山城西北高，中间低，呈方形，规模庞大，城墙周长近 7000m。

丸都山城集宫殿、住宅、贮藏和军事防卫于一体，平时驻军守卫，并可以囤积粮草，战时可以从国内城快速退守山城。据史料记载，历史上丸

图 1 丸都山城全景（2013 年 摄）

都山城曾经两次作为高句丽的王都。1982 年，丸都山城遗址成为第二批全国重点文物保护单位，2004 年以高句丽王城、王陵和贵族墓葬之名列入《世界遗产名录》。

据考古挖掘，全城共有 5 处城门遗址，其中最低处的南侧为主门，向内凹入的南门利用两侧的城墙形成瓮城的功能，利于防守。

丸都山城主要有宫殿、瞭望台、蓄水池、南瓮门等遗址，在考古挖掘中还发现了大量的瓦件。从丸都山城可以向南眺望不远处的国内城，丸都山城脚下就是洞沟墓葬群山城下墓区。经过 2013 年大规模的修缮之后，丸都山城遗址成为吉林省境内保存最完整的古代山城。

图 2　丸都山城局部（2013 年　摄）

图 3　从山城远眺贵族墓地（2013 年　摄）

图 4　丸都山城瞭望台（2013 年　摄）

344

2 集安洞沟古墓群山城下墓区

建筑地址：集安市丸都山城遗址南侧
保护等级：世界文化遗产
建筑材料：河卵石及花岗石石块
建造时间：公元 3—472 年

在集安周边区域，洞沟平原上遗留有万余座高句丽时期的古代墓葬，它们统称为"洞沟古墓群"。从东到西洞沟古墓群被划分为下解放墓区、禹山墓区、山城下墓区等 6 个墓区。其中下解放墓区中有著名的冉牟墓等壁画墓，禹山墓区有著名的将军坟、太王陵等王陵，山城下墓区位于丸都山城脚下，著名墓葬有兄墓、弟墓等。

图 1　洞沟古墓群鸟瞰（2013 年　摄）

丸都山城脚下就是弯曲环绕的通沟河，在河床北侧与山峰之间有一块巨大的台地，背靠山城，依托老岭山脉，这里遍布着高句丽贵族的墓葬，从积石墓到方坛积石墓以及方坛阶梯积石墓多达千余座。

因为建造材料的不同，洞沟古墓群分为石墓和土墓两种。早期多为石墓，晚期多为土墓，其中石墓最具特色。石墓顾名思义就是使用石头建造，包括积石墓、方坛积石墓、方坛阶梯积石墓等类型。积石墓是使用河卵石或石块砌筑石坛，上面再压堆石块进行封护，积石墓比较容易建造，也是洞沟古墓群中数量最多的一种类型。方坛积石墓则增加了石坛的高度，减少了堆积石块的体量。

集安山城下墓区是洞沟墓葬群现存墓葬数量及规模最大的区域，墓葬众多且比较集中，令人震撼。1961年洞沟古墓群成为首批全国重点文物保护单位，2004年以高句丽王城、王陵和贵族墓葬之名列入《世界遗产名录》。

图2　洞沟古墓（2013年　摄）

图 3　洞沟古墓（2013 年　摄）

图 4　洞沟古墓（2013 年　摄）

集安市

347

3 集安国内城遗址

建筑地址：集安市市中心西部
保护等级：世界文化遗产
建筑材料：花岗石砌筑
建造时间：公元3年

　　国内城遗址是高句丽中期的都城，位于集安市中心，东南部紧邻鸭绿江畔，西南为通沟河环绕。从公元3年高句丽迁都于国内城，一直到427年，国内城作为高句丽政治、经济、文化中心的时间长达400多年。427年，高句丽国都从集安的国内城迁都朝鲜半岛的平壤城以后，国内城与丸都山城开始逐渐衰落。

　　国内城遗址呈不规则的长方形，朝向东南方向，城墙周长为2686m，规模远小于丸都山城。国内城为花岗石条石砌筑，西南侧城墙比较完整，残高3~4m，城墙底部宽约10m，现存有角楼、排水涵洞，以及城墙马面

图1　国内城城墙遗址（2013年　摄）

等城墙遗址。在国内城考古挖掘工作中曾出土过鎏金铜佛，以及印有"太宁四年""戊戌年"卷云纹文字瓦当和八棱形柱础石等建筑构件。

国内城遗址东侧现存有大量的高句丽时期的墓葬，其中就包括著名的将军坟和太王陵等王陵，以及好太王碑，众多的高句丽历史文化遗迹也印证了集安国内城和丸都山城的地位。2004年以高句丽王城、王陵和贵族墓葬之名列入《世界遗产名录》。

图2　国内城城墙局部（2013年　摄）

图3　国内城排水口遗址（2013年　摄）

图4　国内城城墙马面遗址（2013年　摄）

4 集安太王陵

建筑地址：集安市集青公路与将军路交会处
保护等级：世界文化遗产
建筑材料：花岗石及河卵石
建造时间：公元 5 世纪

集安太王陵位于禹山南麓海拔 198m 的岗地之上，西侧距离集安市中心广场约 3km，东北侧 400m 处就是著名的好太王碑。因为在陵墓上发现印有"愿太王陵安如山固如岳"的铭砖，又邻近好太王碑，被最初的考察者称为"太王陵"。依据太王陵的墓葬结构，以及铭砖和后期考古挖掘的成果，最终确认墓主人为高句丽第十九代王广开土境平安好太王，好太王碑碑文记载其死于 412 年，414 年下葬。

图 1 好太王陵（2013 年 摄）

图 2　好太王陵局部（2013 年　摄）　　　图 3　好太王陵护坟石（2013 年　摄）

太王陵为方坛石室墓，残高 14.8m，呈正方形，边长 66m 左右，外部用花岗石砌筑，内部用河卵石等材料建造，石砌阶坛四周现存 15 块巨大的自然形状的护坟石，陵墓底部还设有排水设施。虽然有巨石依靠，石坛砌筑时又增加了石料的"凸棱"以防止外移，但是这种"内软外硬"的营造方式最终导致陵墓整体的坍塌。太王陵墓室呈长方形，建在陵冢顶部的平台上，用石条砌筑，顶部有封土。

1961 年，洞沟古墓群及好太王碑被公布为全国重点文物保护单位，2004 年以高句丽王城、王陵和贵族墓葬之名列入《世界遗产名录》。

图 4　好太王陵墓室入口（2013 年　摄）图 5　好太王碑及碑亭（2013 年　摄）

5 集安将军坟

建筑地址：集安市将军路东端
保护等级：世界文化遗产
建筑材料：花岗石及河卵石
建造时间：公元5世纪初

将军坟位于集安东部龙山南麓的坡地之上，海拔高度为305m，这里背山面水，视线开阔，南距鸭绿江1.5km，西距太王陵2.1km。

将军坟为大型方坛阶梯石室墓，是洞沟古墓群中保存最完好的高句丽时期的王陵，成为洞沟古墓群的标志，被人们俗称为"将军坟"。因其采用巨石建造，石材构筑精良，又被人们称为"东方金字塔"。

根据出土文物和墓葬规模形制推断，将军坟应为高句丽第20代王——长寿王的陵墓，将军坟东侧原有5座陪葬墓，现仅存一座比较完整的陪冢。2004年以高句丽王城、王陵和贵族墓葬之名列入《世界遗产名录》。

将军坟阶坛呈正方形，边长30.15~31.25m，墓顶高13.07m。石坛之上共有7级，逐层回收成台阶状，整个陵墓外侧共计使用了1000多块加工精致的花岗石石块砌筑，内部使用河卵石等进行填充。

图1　将军坟（2013年　摄）

第一级阶坛采用4层条石砌筑，其中底部最大一块巨石长达5.7m，宽1.12m，厚1.1m，重约20t。由于将军坟所用石料均取自20km外的采石场，可以想象当年石料开采及运输的难度。

从第二级阶坛开始均采用3层条石砌筑，高度和长度逐渐减少。第3级阶坛之上建有方形墓室，墓室上面巨大的石头盖板重达50t，墓室早年被盗，只留两座石棺床。考古挖掘时曾经在墓顶发现板瓦和莲花纹瓦当等构件，推测墓顶最初应该有祭祀用的建筑。

将军坟沿袭了太王陵的做法，每面放置3块护坟石，以抵消向外的推力。现存11块护坟石，最小的一块重达15t，但护坟石的自然形状与加工精致的陵墓主体显得有些格格不入。

图2 将军坟护坟石（2013年 摄）　　图3 将军坟巨石局部（2013年 摄）

图4 将军坟陪冢（2013年 摄）

其他地区建筑之旅

一、佛塔

吉林省境内遗存的古代佛塔只有三座，且相互之间距离遥远，其中有位于长白朝鲜族自治县建于唐代渤海时期的长白灵光塔，位于农安县建于辽代的农安辽塔，以及位于白城市洮北区建于清代的洮南双塔。

1 长白灵光塔

建筑地址：吉林省长白朝鲜族自治县长白镇塔山公园
文保等级：国家级文保单位
建筑规模：通高 12.86m
结构形式：砖石结构
建筑年代：唐代渤海时期

长白灵光塔位于吉林省长白朝鲜族自治县长白镇西北郊塔山公园西南端一个平坦的台地上，海拔高度为 869m。

长白灵光塔为方形砖砌密檐式空心佛塔，由通道、甬道、地宫、砖塔四部分组成，塔下设有地宫。塔基在地宫盖石顶部，夯筑而成。塔身通高 12.86m，塔身平面呈方形，高 5 层，逐层收分，每层都有砖砌叠涩出挑。塔身第一层边长 3.3m，高 5.07m，底层周围有石砌的基座，高 0.8m。

塔刹在塔身顶部，是近代时期修复的，呈葫芦形，高 1.98m。塔身第一层南面有一座砖砌拱券门洞，拱顶采用双层叠砌的形式，第二、三、五层正面均设有方形壁龛，长宽各约 20cm。

灵光塔原名无考。据史料记载，1908 年，长白府第一位知府张凤台将塔命名为"灵光塔"。后据考证，灵光塔为唐代渤海时期的佛塔，在长白境内出土的渤海时期莲瓣纹瓦当，其花纹与灵光塔花纹砖上的莲瓣纹的艺术风格完全一致。从 1955 年开始，政府投资先后多次对灵光塔进行加固和维修，1988 年被列为全国重点文物保护单位。长白灵光塔是吉林省境内历史最悠久的地上建筑之一，对研究唐代渤海时期的建筑历史具有重要的学术价值。

图1 灵光塔正面（王烟雨提供，2010 年 摄）

图 2　灵光塔背面（王烟雨提供，2010 年　摄）

2　农安辽塔

建筑地址：农安县黄龙路与宝塔街交会处
文保等级：国家级文保单位
建筑规模：总高 44m
结构形式：砖石结构
动工时间：1023 年
建成时间：1030 年
重修时间：1953 年

农安辽塔位于吉林省长春市农安县黄龙路与宝塔街交会处的东北角，距离长春市中心人民广场有约 70km 的车程，这里曾经是金代黄龙府所在地，辽、金时期是这里历史上最繁荣的阶段，留下诸多历史遗迹。农安辽塔建造于辽圣宗太平三年（1023 年）至太平十年（1030 年），为八角 13 层实心密檐式佛塔，由塔座、塔身、塔刹三部分组成，高达 44m。农安辽塔塔座呈八边形，每边长 7m，高 1m；塔身基部东西为 8m，南北为 8.3m，呈不对称状。

农安辽塔历经近千年的风雨侵蚀，20 世纪初时已呈两头细中间粗的"棒槌形"，处于濒临倒塌的境地。1953 年主管单位对塔进行了加固和修缮，在原有塔身外侧重新包砌了一层青砖，修缮过程中在塔身第 10 层中部的方室内台上发现硬山式屋顶的木质微型房屋，内部有释迦牟尼佛、观音菩萨、银牌、瓷香炉、木盒、银盒、瓷盒、布包等遗物。1982—1983 年，对农安辽塔再次进行大规模维修。

农安辽塔第一层高 13m，其他各层均为 1.75m，第一层上半部修有大小相同、等距的 4 个龛门、4 个盲门，龛门上壁是椭圆形砖构成的仿木斗栱。塔身之上为塔刹，塔刹下部为 3 层青砖砌筑的仰莲，上置宝瓶，宝瓶上是铜质镀金"圆光"和铜质镶金仰月，仰月之上镶有 5 颗铜质镶金宝珠。

农安辽塔是我国现存辽代佛塔最北端的实例，也是吉林省境内现存最高的古代建筑。

图 1　20 世纪初期的农安辽塔

图 2　农安辽塔现状（2013 年　摄）

图 3　农安辽塔塔刹（2013 年　摄）

图 4　农安辽塔鸟瞰（2013 年　摄）

3 洮南双塔

建筑地址：白城市洮北区双塔子村
文保等级：省级文保单位
建筑规模：塔高 13m
结构形式：砖石结构
建造时间：1636—1643 年

洮南双塔位于现吉林省白城市洮北区德顺乡双塔子村，这里树木繁茂，南侧距离弯曲的洮儿河只有 3.7km，因其原在洮南境内，旧称"洮南双塔"。

双塔是东西并列的两座青砖砌筑的喇嘛塔，为梵通寺主持罗卜僧却得尔和阿旺散布丹两位喇嘛的骨灰塔，建于清崇德年间（1636—1643 年），原名"保安塔"，文物标志牌写的是"双塔"。

两塔间距 23.8m，为典型的喇嘛塔造型，塔高 13m，青砖砌筑，白灰抹缝。两塔装饰图案大体相同，除塔基外塔身布满浮雕、梵文经咒和彩绘图案装饰。

图 1　1920 年代的洮南双塔

图 2　洮南双塔（2013 年　摄）

塔由台基、塔身、塔刹三部分组成。台基下部为方形，用青砖砌成阶梯状，未加任何装饰。台基上部为方形须弥座，四角有方形角柱，两角柱间有施彩绘的大型浮砖，正中图案是三颗火焰宝珠，两侧各有一狮子造型。

塔身上部为覆钵形，下部为台阶座。上部呈白色，在覆钵的肩部有浮雕兽头8个。两塔均在南面开券状龛门，门边饰花纹图案。两龛门大小相同，高1.25m，宽1m，进深0.35m，各置木扉一扇，涂红漆。下部台阶座均用梵文经咒语浮雕围绕，其文为"唵嘛呢叭咪吽"六字箴言。东塔为三级圆形台阶，西塔为四级方形台阶。两塔通体以白垩为基础色调。

塔刹为铜质，重百余斤，由日、月和莲瓣伞构成，底部悬四个铜铃。塔刹下接逐渐加粗的实心塔干，上有白色相轮十三重，层层都有梵文浮雕。

在双塔北侧早年建成的莲花图庙已经损毁，只残留部分柱础石。双塔位于汉族和蒙古族居民相互交织的聚居地，建筑风格特别是装饰细节融入了藏、蒙、汉民族的风格特征。洮南双塔虽然建造时间比较晚，但却是中国古代喇嘛塔最北端的实例。

图3 东侧墓塔局部（2013年 摄）

图4 莲花图庙柱础石

二、前郭尔罗斯哈拉毛都蒙古族府邸

前郭尔罗斯哈拉毛都蒙古族府邸位于吉林省前郭尔罗斯蒙古族自治县东南部的哈拉毛都镇。"哈拉毛都"系蒙语,意为"茂密的树林",说明这里曾经树木繁茂。据史料记载,早在清顺治年间就有流民在这里定居耕种。从旗祖固穆起,其子孙统治郭尔罗斯前旗的历史达 300 余年,王府最初驻固尔班察罕(今查干花乡昂格来屯),后于清光绪年间搬迁到现在的哈拉毛都。末代旗王(扎萨克王爷)、哲盟盟长——号称十家王头的"末代王爷"齐默特色木丕勒就出生在这里,因此该地被俗称为"王爷府"或"王府",至今临近哈拉毛都的火车站依然保留了"王府站"的站名。

齐默特色木丕勒晋升哲里木盟盟长后,即于光绪三十四年(1908 年)着手改建王爷府,仿照京城王府的空间格局设计施工,这座新王府于民国3 年(1914 年)改建完成。

伪满洲国时期,齐默特色木丕勒曾长期担任伪满政府要职,期间对王府进一步扩建,所有重要的建筑构件均在京城定制,重要工匠都从京城邀请,几经重建的王爷府依山傍水,规模庞大,夯土围墙长为 350m,宽为166m,四角建有炮楼,共有房屋 600 余间,南北共有 7 进院落,院落后部为私家花园。1942 年 8 月,齐王因病在王爷府去世。

在伪满洲国垮台之前,王府与其东北约 4km 外的全旗最大的喇嘛庙——崇化禧宁寺构成了昔日郭尔罗斯前旗政治、经济、文化和宗教活动的中心。1949 年前后两处建筑相继被拆毁,现仅存有王爷两位叔叔的府邸,建筑保存完好。

这两处蒙古族府邸有着鲜明的民族与地方特色,其中还夹杂着京城文化的影响。顺应山水走势的建筑朝向,中轴线的空间布局,卷棚硬山式屋顶,建筑内部独特的蒙古族生活习俗使得这两组建筑代表了近代时期多民族交互影响下的民居建造形式。

1 祥大爷府邸

建筑地址：前郭尔罗斯蒙古族自治县哈拉毛都镇
文保等级：省级文保单位
建筑规模：三合院
结构形式：木构架
建成时间：20 世纪初

哈拉毛都镇东侧距离松花江不到 4km，东南方向有一条支流汇入松花江，地势西高东低，岗地起伏，形似卧龙。当地人建房没有固定的"向口"（一般北方民居大都采用坐北朝南），而是随山形走势和河流走向建造。

因为重要建筑大都是由京城请来的工匠主持建造，因此建筑布局、风格样式与细节都有京城传统四合院民居的身影。现存府邸建筑是北京四合院和北方传统民居建筑形式的融合，再加入蒙古族的民族生活习惯和宗教特点而成的，其建造时间应该比王府稍微晚一些。

第一处府邸位于哈拉毛都镇的南部，东南部距离汇入松花江的支流只有 100 多米，被当地人俗称为"祥大爷府"，并一直沿用至今。

祥大爷府规模不大，为三合院连廊式布局，入口大门位于院落正中，是垂花门与吉林传统民居四角落地式大门相结合的产物，原有大门里外均有柱子支撑，近些年修复后恢复了外侧垂花门的门楣造型，保留了院内两根方形的落地柱。

进入大门，院落空间开敞，正房为 5 开间，前出廊，硬山墙卷棚式屋顶，屋面瓦采用筒瓦和滴水，与北京四合院相同，在正房西侧山墙上部还建有朝向外侧的祭龛，室内采用地炕采暖，北侧设有暖阁，在正房两端还设有耳房用作库房或厨房。

东西厢房为 3 开间，也有前出廊。平屋顶的木柱连廊将正房、耳房、东西厢房和入口大门连接起来，形成四面回廊，这种空间布局很有特色。祥大爷府邸采用青砖砌筑，但是没有吉林传统民居必备的砖石雕刻。

图 1　祥大爷府邸入口大门（2013 年　摄）

图 2　祥大爷府邸入口大门内景（2013 年　摄）

图 3　祥大爷府邸正房（2013 年　摄）

图 4　祥大爷府邸东厢房（2013 年　摄）

图 5 祥大爷府邸北侧（2013年 摄）

图 6 祥大爷府邸西厢房外景（2013年 摄）

2 七大爷府邸

建筑地址：前郭尔罗斯蒙古族自治县哈拉毛都镇
文保等级：省级文保单位
建筑规模：四合院
结构形式：木构架
建成时间：20 世纪初

第二处府邸位于哈拉毛都镇北部，距离第一处府邸 1.4km，现存为一座带连廊的四合院，被当地人俗称为"七大爷府"并一直沿用至今。

整个院落背靠起伏的山冈，前面的地势平坦开阔。入口处是 3 开间屋宇式大门，进入大门是四方形内院，正房为 5 开间，有前出廊，硬山卷棚式屋顶，这种做法在吉林传统民居中是绝无仅有的。正房前建有檐廊，柱子较细，没有柱础石，"枕头花"砖雕形式也非常简单，没有"腰花""山坠"等吉林传统民居的特有装饰。当年正房室内地面是青石铺设的"火地"，下设火道，上面再加铺毛毡，相当于现在的地热。正房的室内没有隔墙，而是靠北部设有若干暖格，暖格前拉幕帘，隔出睡眠区。正房虽为 5 间，但在北面墙上只开有三扇窗。西端山墙处则有一大窗，从现在塞堵的痕迹看，西窗下部一直落到地炕的高度。蒙古族与满族相同，非常注重西向，他们将正房的西屋作为祭祖的地方。

东西两侧厢房各为 3 间，均为卷棚式硬山屋顶，在堂屋内设有木隔断，没有花饰，风格朴素，特别之处是西厢房背面开窗，而东厢房背面一扇窗也没有。门房为 3 间，屋顶也为硬山卷棚式，大门两侧设看墙，门前设抱鼓石，屋面用"燕尾虎头"瓦铺设，很有特点。

正房、厢房及门房都用连廊相连，廊柱为方形，尺寸较小，连廊顶部是平的，通过女儿墙向院外排水。院内甬路较汉族传统民居宽大，而且高出地面约 1m，十分独特。院内遍植丁香、杏树，绿草丛生，环境幽静。

图 1　七大爷府邸全景（2013 年　摄）

图 2　七大爷府邸大门（2013 年　摄）

图 3 七大爷府邸内院及正房（2013 年 摄）

图 4 七大爷府邸东厢房（2013 年 摄）

图 5 七大爷府邸正房前廊（2013 年 摄）

图 6 七大爷府邸大门门墩（2013 年 摄）

其他地区建筑之旅

▎后记

　　参与编写"中国建筑古今漫步"丛书已经有很长一段时间了，其中《吉林篇》的编写大纲也做了几次修改和调整，而真正动手撰写却集中在2020年暑期前后的两个多月时间里。能够在短时间内完成这样一部书的撰写工作，一方面得益于长期的资料积累，还有一个重要原因就是疫情之下，可以心无旁骛地伏案写作。那段时间同时在写两本书，一本是记录作者十多年境外考察的心里路程；另外一本就是本书。

　　疫情之下，整个世界都发生了巨大的变化，对人们的社会生活，特别是心理上的影响会持续多年，恐怕在相当长的时间里，境外考察都难以轻松出行，而对国内的建筑考察反而少有影响，在这个时期推出"中国建筑古今漫步"丛书对于后疫情时期丰富人们的文化生活具有特别重要的意义。

　　本书收集的建筑实例以吉林省境内的文保建筑和历史建筑为主，同时还兼顾了一些标志性的当代建筑，最终选定了125处建筑，今后还可以不断补充，希望能够满足不同读者的需要。一些文保建筑是作者主持修复的工程项目，因此有机会加入一些修复过程中的照片，希望增加其趣味性和可读性。

　　在资料收集整理、审核校对过程中得到许多友人和学生的帮助，除了新拍摄的照片外，还借用了许多历史图片和资料，可以为读者提供更多的观察视角，其中有些历史照片难以查找作者和准确出处，在此一并表达谢意！

最后还要感谢责编李鸽女士，由于疫情期间一些建筑无法拍摄最新的照片，在后期校稿过程中需要不断进行图片的替换，因此增加了许多额外的工作量，我们共同期待为读者提供更好、更全面的信息！

以一己之力在短时间内完成这样一部书的写作，难免出现这样那样的错误，希望读者给予更正，让我们一起出发，去找寻建筑之旅的快乐！

李之吉

2021 年夏于长春

图书在版编目（CIP）数据

中国建筑古今漫步.吉林篇/陈薇，王贵祥主编；
李之吉著.—北京：中国建筑工业出版社，2021.4
ISBN 978-7-112-25748-5

Ⅰ.①中… Ⅱ.①陈…②王…③李… Ⅲ.①建筑史
—中国②建筑史—吉林 Ⅳ.①TU-092

中国版本图书馆CIP数据核字（2020）第256178号

责任编辑：李　鸽　陈小娟　戚琳琳
书籍设计：付金红　李永晶
责任校对：王　烨

中国建筑古今漫步

陈　薇　王贵祥　主编

吉林篇

李之吉　著
*
中国建筑工业出版社出版、发行（北京海淀三里河路9号）
各地新华书店、建筑书店经销
北京雅盈中佳图文设计公司制版
北京富诚彩色印刷有限公司印刷
*
开本：880毫米×1230毫米　1/32　印张：12$\frac{1}{2}$　字数：350千字
2021年8月第一版　2021年8月第一次印刷
定价：98.00元
ISBN 978-7-112-25748-5
（36986）
版权所有　翻印必究
如有印装质量问题，可寄本社图书出版中心退换
（邮政编码 100037）